张 芳◎著

碳市场价格机制及区域协调发展研究

RESEARCH ON CARBON PRICING MECHANISM AND
REGIONAL COORDINATED DEVELOPMENT OF CARBON MARKETS

经济管理出版社
ECONOMY & MANAGEMENT PUBLISHING HOUSE

图书在版编目（CIP）数据

碳市场价格机制及区域协调发展研究／张芳著. —北京：经济管理出版社，2021.4
ISBN 978-7-5096-7966-1

Ⅰ. ①碳…　Ⅱ. ①张…　Ⅲ. ①二氧化碳—排污交易—研究—中国　Ⅳ. ①X511

中国版本图书馆 CIP 数据核字（2021）第 081697 号

组稿编辑：任爱清
责任编辑：任爱清
责任印制：黄章平
责任校对：陈晓霞

出版发行：经济管理出版社
　　　　　（北京市海淀区北蜂窝 8 号中雅大厦 A 座 11 层　100038）
网　　址：www. E-mp. com. cn
电　　话：（010）51915602
印　　刷：唐山昊达印刷有限公司
经　　销：新华书店
开　　本：710mm×1000mm /16
印　　张：8. 25
字　　数：144 千字
版　　次：2021 年 7 月第 1 版　　2021 年 7 月第 1 次印刷
书　　号：ISBN 978-7-5096-7966-1
定　　价：68. 00 元

前 言/Preface

气候变化问题已成为当代人类面临的最重要的挑战之一。全球变暖、极端天气的发生对社会可持续发展、人类健康产生了难以度量的恶劣影响。为了遏制温室气体排放，各个国家经过国际气候谈判，提出了一系列应对措施。其中，碳排放权交易机制作为一种新兴市场机制，是有效的节能减排的手段之一。碳市场通过控制碳排放总量，引入市场交易机制，促使控排企业、投资者积极参与，最终实现减少温室气体排放总量的目标。碳市场是一种兼具金融属性与社会属性的特殊的新兴市场。从金融属性来看，碳价格受到金融市场、能源市场、极端天气、政府政策等多方面因素的影响，具有波动性；碳资产已经被投资者作为套期保值的重要金融产品。从社会属性来看，碳市场受到国家间气候谈判的影响，其实施目的在于减少全社会温室气体排放量，解决环境问题。温室气体排放具有区域性特征，因此，实现区域碳交易对于实现温室气体减排目标具有重要意义。本书从碳市场双重属性出发，采用深度学习、极值理论、情景分析等方法对碳市场的科学问题展开一系列研究。主要创新性工作与结论包括如下五个方面：

第一，从碳价格形成机理与碳价格运行机制两个角度入手，厘清碳市场价格机制。通过定性的分析发现，碳价格初始形成受到供给端、需求端共同作用的影响；在碳价格运行过程中，环境、经济、金融、天气等诸多因素会引起碳价格波动，同时政府的价格调控与管理措施对碳价格形成稳定器的作用。

第二，运用极值理论，选取美国加利福尼亚州、欧盟、中国等不同国家和地区的碳市场作为研究对象，计算其尾部相关系数，探究碳市场之间的市场风险问题，探明碳配额间是否存在套期获利的机会。结果表明，加州碳市场与欧盟碳市场之间存在相同方向尾部相关关系，说明两种碳资产具有同跌同涨的概率。因此，两种碳资产不适宜作为投资组合抵御风险。此外，发达国家的碳市场之间存在非对称的尾部相关性，在不同滞后期下，价格同时下跌的下尾相关系数均高于价格同时上涨的上尾相关的概率。欧盟碳市场与中国碳市场之间存在尾部相关性，但方向混杂，这主要是由于目前中国碳市场处于试验阶段，市场机制不够完善，市场成交量、交易频率较低，市场处于非成熟阶段。

第三，由于碳价格具有非线性、不确定性、复杂性等特征，这就导致传统计量模型已不能满足碳价格预测的需求。本书提出一种新的深度学习模型，将时域卷积架构引入到 Sequence to Sequence 模型中，从而深度挖掘数据间的非线性特征，预测碳价格走势，探索人工智能方法在碳金融领域的应用前景。以欧盟碳期货历史数据为研究样本，验证所建立的深度学习模型的有效性。实证结果表明，本书构建的深度学习模型相较于传统学习预测方法具有更高的预测能力。

第四，从社会、经济、环境三个角度出发，构建一套完整的、科学的碳市场成熟度评价指标体系；同时首次建立一种基于粗糙集理论的主客观权重集成的碳市场成熟度评价方法，并以欧盟碳市场以及中国碳市场为例进行成熟度评价。研究结果显示，欧盟碳市场成熟度最高，且成熟度水平远远高于中国碳市场。中国碳市场的成熟度不高，且参差不齐，按照成熟度水平由高到低可以分为三个层次：第一层为湖北、广东碳市场；第二层为深圳、北京、上海碳市场；第三层为天津、重庆碳市场。通过对碳市场成熟度的研究，为完善中国碳市场机制提供建议。

第五，本书对中国区域碳交易的协调发展进行研究，运用非参数模型对二氧化碳影子价格进行估算，从各地区二氧化碳影子价格差异出发，分析中国实施区域碳交易的可能性。通过设立两种区域碳交易情景，以最小化碳排放强度为目标，分析区域碳交易对经济、环境的潜在效应。研究结果表明，中国东部地区二氧化碳影子价格高于东北地区、中部地区、西部地区的二氧化碳影子价格，地区间二氧化碳影子价格存在差异，为实现区域碳交易提供基础。通过情景分析法，研究显示中国实现区域碳交易会降低碳强度；在设立不同的经济增长水平、环境约束限制的情景下，碳强度降低水平存在差异。通过对区域碳交易的研究，为中国实现全国统一性碳市场提供科学依据。

本书创新性地从碳市场金融属性与社会属性两个方面出发，厘清了碳市场价格机制，对碳市场间的尾部相关关系、碳市场价格预测等问题进行研究，为碳市场投资者及参与者深入理解与认识碳市场价格机制提供参考；辨识了碳市场成熟度水平及区域碳市场协调发展的潜在效应，为碳市场发展提供合理建议。本书的研究结果可为政策制定者、市场管理者、市场参与者的决策提供科学依据，在碳市场科学研究中具有重要的理论与实践意义。

目 录/Contents

图目录

表目录

第一章
绪论

第一节　选题背景及研究意义

一、选题背景

全球气候变化问题日益严重，对经济社会的可持续发展、人类健康造成了巨大影响。严重的气候变化问题的根源是温室气体排放。温室气体排放主要来源于工业活动中化石燃料燃烧[1]。为了控制温室气体的排放，1992年在联合国会议上各国首次达成了旨在降低温室气体排放量、缓解全球变暖的国际合作公约——《联合国气候变化框架公约》（*United Nations Framework Convention on Climate Change*，UNFCCC）。1997年在东京形成的《京都议定书》（*Kyoto Protocol*）是首个具有法律效力的旨在约束发达国家温室气体排放的国际公约。继而在2015年国际气候变化大会上签订的《巴黎协定》，为各个国家解决温室气体排放问题做出指导，这是国际气候合作的又一重大突破。

中国工业化快速推进与经济迅猛发展导致能源消耗与温室气体排放与日俱增。面对碳排放引起的极端气候变化及生态环境危机，我国政府高度重视。2020年9月习近平总书记在第七十五届联合国大会一般性辩论会上郑重提出中国"二氧化碳排放力争于2030年前达到峰值，努力争取2060年前实现碳中和"。党的十九届五中全会指出"十四五"规划将绿色发展设定为最重要的新发展理念之一。绿色发展已成为全球经济结构调整和环境治理的新动力，持续有效推进碳减排是我国应对气候变化的重要举措，也是实现绿色发展的关键。

碳市场价格机制及区域协调发展研究

为了应对气候变化的挑战，完成节能减排的目标，碳市场应运而生。碳排放权交易是一种基于市场机制实现预防和减排目标的市场控制模式，目前已成为全球应对气候变化问题的重要手段。碳市场可以分为两类：第一类是以减排项目为基础，分为发达国家与发展中国家的减排项目合作——清洁发展机制（Clean Development Mechanisms，CDM）和发达国家之间的减排项目合作——联合履约（Joint Implementation，JI）。CDM 是发达国家通过为发展中国家的减排项目提供技术与资金支持换取相应的减排额度，以完成其自身减排义务的一种方式。其中，相应的减排额度称作"经核实的减排额度"（Certified Emission Reductions，CER）。JI 将合作项目带来的减排单位（Emission Reduction Units，ERU）进行转让，从而达到减少排放的目的。第二类是排放交易机制（Emissions Trading Scheme，ETS），以配额交易为基础，通过设定排放总量，使市场参与者进行配额交易，从而产生碳价格，对碳价格机制进行调节，控制温室气体排放。ETS 将碳配额金融化，使碳排放配额具有货币价值，是一种基于市场机制的政策工具。相较于其他环境治理措施，ETS 的效果更为显著，本书主要对 ETS 展开研究。

ETS 作为一项有效的节能减排措施，已在全球范围内广为实施[2]。世界上较有代表性的碳市场包括欧盟碳市场（European Union Emission Trading Scheme，EU ETS）、美国碳市场、中国碳市场、澳大利亚碳市场、新西兰碳市场、韩国碳市场等[3]。其中，EU ETS 是目前世界上运营时间最长、规模最大的碳交易市场，自 2005 年成立以来，历经三个阶段，包括了 30 多个国家，覆盖了欧洲 50%的碳排放气体[4]。中国作为全球最大的能源消费和温室气体排放的国家，在 2010 年签署了《哥本哈根协议》，制定了具体的减排目标，到 2020 年实现单位国内生产总值二氧化碳排放减少 40%~45%（与 2005 年相比）[5]。此外，中国还签署了《巴黎协定》，承诺积极采取措施减少国内温室气体排放，加强在气候变化问题上的国际合作。这些行动体现了中国对气候治理的承诺和责任[6]。为实现环境治理的目标，中国自 2013 年开始陆续建立了北京、深圳、湖北、广东、上海、天津、重庆和福建八家碳交易市场试点。

2017 年 12 月，国家发展改革委员会印发了《全国碳排放交易市场建设规划（发电行业）》，标志着中国国家碳排放交易体系正式启动。这个全国性的 ETS 覆盖了约 1700 家发电企业，每年的温室气体排放总量超过 30 亿吨，有潜力成为世界上最大的碳排放交易系统。

2021 年 1 月 1 日，全国碳市场首个履约周期正式启动，在经历了基础建设期、模拟运行期后，全国碳市场将进入真正的配额现货交易阶段。

　　碳市场是一种特殊的市场机制，一方面，其具有金融属性，主要表现在碳配额具有价值，能够进行交易；碳价格的形成由供给、需求决定；碳价格具有波动性，且价格波动受到宏观经济环境等因素的影响。另一方面，其具有社会属性，碳市场的交易商品是二氧化碳配额，而配额分配机制受到国家政策、国家间气候变化合作、区域间协调合作等诸多方面的影响。

　　随着碳市场的普及与快速发展，碳资产已成为一项重要的金融交易产品。碳价格机制是碳市场运行的根本，碳价格被生产企业视为生产成本的一部分，价格波动对交易活动、交易主体具有深远影响[7-8]。对碳价格机制的研究有助于管理者制定有效的、可靠的、合理的气候政策，及时调整配额数量，提高交易效率。跨区域进行碳交易有助于实现温室气体减排目标，解决气候变化问题。而区域碳交易的实现取决于区域边际减排成本的差异。因此，本书主要对碳价格机制及碳市场区域协调发展两个方面展开研究。

二、研究问题与研究意义

　　作为一个特殊的市场机制，碳市场具有金融属性与社会属性。本书从这两个属性出发，分别对碳价格机制、区域碳交易进行研究，运用多种研究方法，构建符合碳市场特征的模型。研究重点如下：

　　在碳市场价格机制研究方面主要有三点：一是厘清碳市场价格机制过程，从碳价格形成机理与碳价格运行机制两个层面研究碳市场价格机制。进而详细分析 EU ETS 和中国碳市场的碳价格形成机制，并予以比较。二是从市场关联性的角度，选取典型的碳市场作为研究对象，引入金融风险度量技术，运用极值理论对碳市场之间的尾部相关性进行研究，探寻不同碳资产之间是否存在尾部相关性，是否存在投资组合、套期保值的机会，并分析其原因。三是从数据驱动的角度，运用深度学习的方法提取数据特征对碳市场价格进行预测，对碳价格预测领域的研究提供新的方法与经验证据。

　　在区域碳市场协调发展研究方面主要有两点：一是从市场运行的角度，从经济、环境、社会三重底线出发，探寻衡量碳市场成熟度的评价指标，对欧盟碳市场、中国碳市场的成熟度进行评价，分析各个碳市场的运行状况，并对中国碳市场的发展提供建设性意见。二是从减排成本的角度出发，计算中国各省市二氧化碳影子价格，分析区域碳强度差异，运用情景分析的方法探究实现区域碳交易对于经济发展、温室气体排放的影响，为建立全国统一碳交易市场提供依据。

随着各国碳交易的蓬勃发展，成交额和成交量不断增长，碳市场机制不断完善，市场覆盖面不断扩大，碳市场已成为一种重要的节能减排工具，对环境、经济有着深远的影响。研究碳市场的相关问题对市场管理者、市场参与者具有较强的现实指导意义。

从理论意义层面上来看，本书通过研究碳市场价格机制、碳市场间的关联性以及碳价格预测，为碳市场金融化提供了经验证据，拓展了碳市场金融化理论，丰富了碳市场的研究。另外，区域碳交易协调发展是碳市场发展的必然趋势，对欧盟、中国主要碳市场成熟度进行测度，探究碳市场发展的均衡性，进而研究区域碳交易协调发展的经济、社会效应，为碳市场运营管理提供新的思路。

从实践意义层面上来看，一方面，本书研究碳市场价格机制、碳市场之间的尾部相关关系以及碳价格预测问题能够给投资者、控排企业的相关交易行为提供信息支撑，同时也为碳交易政策制定者及管理者提供风险管理的参考；另一方面，本书对碳市场成熟度进行测度，探究真正制约我国碳交易发展的因素所在。从碳排放影子价格角度出发，研究实现区域碳交易对经济、社会的潜在影响，为建立统一的碳市场提供政策参考，明确碳市场的发展方向。

第二节　文献综述

碳市场是以金融手段控制温室气体排放的有效手段。碳市场具有金融属性与社会属性，碳市场的二重性使其价格机制与区域碳交易发展的研究具有深远意义。随着碳期货、碳现货、绿色债券等一系列碳金融衍生品的推出，碳金融已成为金融市场不可或缺的一部分。不同类型的碳金融产品为投资者提供多种选择，减少投资风险。碳价格引发生产企业对于减排成本的关注，促使企业进行生产创新，提高资源效率从而实现减排目标。碳价格机制是碳市场发展的重要环节。碳市场的发展必然在数量上实现从个别市场到多个市场，在规模上实现从孤立市场到统一市场的发展，最终实现区域市场协调发展的格局。自20世纪80年代起，不断有学者专家对碳市场进行研究，本部分将对碳价格机制、碳市场区域协调等方面的相关文献进行梳理。

一、碳价格形成机制相关研究

1. 边际减排成本

碳价格的本质是碳配额的经济价值。从边际成本理论的角度出发，碳价格等于生产厂商的边际减排成本，即为了降低一单位二氧化碳排放造成的经济成本增加。二氧化碳影子价格便是从边际减排成本的角度对二氧化碳价值的测算，为初始碳价格提供参考依据。同时二氧化碳排放的边际减排成本反映了二氧化碳减排的机会成本，可以用来衡量二氧化碳减排的难易程度[9]。

现有研究运用不同方法分析了国家、区域和工业层面上的边际减排成本[10-11]。与发达国家或地区相比，发展中国家降低碳排放的成本更高[12]。研究表明，全球二氧化碳年平均排放总量可减少 4482.28 吨，全球二氧化碳排放边际减排成本为 673.74~697.73 美元/吨[13]。Du 等（2015）[14] 利用方向距离函数估计了中国省级二氧化碳排放的边际减排成本。模拟结果表明，要实现碳强度降低 40%~45% 的目标（与 2005 年相比），中国的边际减排成本将增加 559~623 元/吨（约 51%~57%）。Wang 等（2011）[15] 运用方向距离函数计算 2007 年中国 28 个省市的平均减排成本为 73.10 美元/吨。全国二氧化碳排放加权平均边际减排成本为 316.51 元/吨，远高于我国现行碳交易试点的碳价格，说明中国碳价格不能反映配额的供需关系[16]。中国不同地区减排的边际成本差异较大，东部地区的排放效率高，西部地区的排放效率低，影子价格存在相对差异[17-18]。中国各行业二氧化碳的影子价格为 0~18.82 美元/吨不等，平均二氧化碳影子价格为 3.13 美元/吨[19]。工业边际减排成本方面的研究主要集中在电力行业，其中，Du 和 Mao（2015）[20] 研究得到，中国发电厂在 2004 年与 2008 年的二氧化碳排放的平均边际减排成本分别为 955 元/吨和 1142 元/吨。Du 等（2016）[21] 将中国燃煤电厂分为四种类型，并计算得到 2008 年二氧化碳排放的平均边际减排成本为 235 美元/吨。

2. 配额分配原则

配额分配原则对于碳价格的形成起到重要作用。碳价格具有金融属性，配额分配从供给的角度对碳价格产生影响。现行主要的碳配额分配方式包括祖父法、基准法及公开拍卖法。

（1）祖父法。基于历史排放量的免费配额分配方法，是指以控排企业历史排放量作为初始分配配额量，并免费将初始配额分配给控排企业。这种分配方式广泛应用于碳市场成立初期，如 EU ETS 成立的第一阶段曾运用祖父法作为配额分配方式。Milliman 和 Prince（1989）[22] 认为，运用祖父法可以加强控排企业对于环境问题的关注，促使其进行清洁生产，在一定程度上保护控排企业在行业竞争中的优势。但也有学者认为，祖父法这种分配方式过于温和，使配额分配过剩，碳价格与碳排放价值偏离，影响减排效率，不利于碳市场的可持续发展[23]。

（2）基准法。基于产出的免费配额分配方法。学者通过研究认为，祖父法适用于封闭的市场中，这与现实不符；相比而下，基准法更适用于动态、开放的市场环境中[24-25]。Lennox 和 Nieuwkoop（2010）[26] 运用投入产出法分析了新西兰碳市场，研究发现基于产出的分配方式，可以通过回收净收益减少宏观经济的负面影响。

（3）公开拍卖法。在配额分配阶段，对配额进行公开拍卖。相较于免费分配方式，公开拍卖的分配方式能够有效提高碳市场效率，避免了碳配额分配过剩，价格扭曲的可能性[27]。随着碳市场的发展，公开拍卖在初始配额分配的比例越来越高，在其第一阶段，EU ETS 公开拍卖比例只占约 5%；到第二阶段，公开拍卖配额比例占约 10%；但到第三阶段时，公开拍卖配额比例达到至少 50%[28-29]。

二、碳价格影响因素相关研究

本部分将对碳价格影响因素文献进行梳理，主要从能源价格、宏观经济、政策引导、天气情况、极端事件等五个方面入手。

1. 能源价格

由于温室气体排放主要来源于化石燃料燃烧，能源价格的波动影响能源消费结构，进而影响碳排放量，从而影响碳价格[30]，因此，碳价格与能源市场价格紧密相关。Reboredo 和 Ugando（2015）[31] 运用 EGARCH 模型、极值理论、Copula 等方法分析 EU ETS 与能源市场关系，证明了相较于天然气市场，碳市场与石油市场的下行风险更为显著，欧盟排放配额（European Union Allowance，EUA）更适于与化石燃料进行投资组合。Mansanet 等（2007）[32] 研究了二氧化碳价格的影响因素，发现排放强度最大的能源是决定二氧化碳价格的主要因素。

学者们分别研究了能源价格对碳现货、碳期货的影响。例如，Koch 等（2014）利用边际递减成本理论发现，经济活动以及风能和太阳能发电量的增长能够解释 EUA 价格动态。Gronwald 等（2011）[34] 运用多种 Copula 方法研究了 EU ETS 期货与大宗商品、股票、能源之间的复杂依赖结构。

此外，还有学者专家研究了碳价格与能源价格之间是否存在长期的均衡关系[35]；能源价格对碳价格影响的传导机制[36]；石油、天然气价格与碳价格之间的动态关联性[37]。通过对以上研究的梳理，可以发现，能源价格对碳市场价格存在显著相关性。

2. 宏观经济

碳排放与工业生产活动密切相关，工业生产影响碳配额的需求程度进而影响碳价格。在市场上行情况下，产出增加，碳排放量增加，进而增加厂商对碳配额的需求，在供给不变的情况下，使碳价格增加；在市场下行的情况下，产出下降，碳排放量减少，进而减少了厂商对碳配额的需求，在供给不变的情况下，使碳价格下降。

现有研究证明了宏观经济对碳价格具有不同程度的影响。如 Chevallier（2009）[38] 研究了股票股息收益率与垃圾债券溢价两个变量与碳期货的关系，说明碳市场与宏观经济变量之间存在弱相关的关系。Chevallier（2011）[39] 研究了欧盟 27 国工业生产与碳价格之间的非线性关系，研究表明，宏观经济活动对碳价格具有滞后效应。Zeng 等（2017）[40] 研究了能源价格及经济发展对北京碳市场价格的影响，研究结果表明，北京碳市场价格与经济发展具有正向相关关系。

3. 政策引导

政策引导是碳市场价格的主要影响因素之一，配额分配与机制设计对碳市场的波动变化影响很大。Hintermann 等（2006）[41] 在文献中对第二阶段 EU ETS 的配额分配机制进行经验总结，从配额设定的条件、制定过程、采取的方案等方面进行定性分析，以 EU ETS 配额分配为例，为全球碳交易机制的配额制度提供启示。Haar（2006）[42] 探讨了 EU ETS 的减排效果的不确定性，其中，不确定因素主要包括经济增长的影响、控排企业以及整个社会对碳市场价值的认可度、实际的成本收益问题等。Alberola 和 Chevallier（2009）[43] 分析了在

EU ETS 的第一阶段的后期，由于禁止跨期存储，导致配额剩余，进而使得价格暴跌。Alberola、Chevallier 和 Chèze 等（2008）[44] 通过研究发现，碳交易市场的政策变化导致其价格上的明显波动，EUA 价格升高的一个主要因素就是限制配额发放的紧缩型配额分配制度。

4. 天气情况

天气对于碳市场的影响较大，例如，降雨、风速以及温度等都对碳价格造成影响。从影响路径来看，温度会影响生产，进而影响对碳配额的需求；风速影响风力发电的情况，进而影响电厂对传统能源的需求，从而使其对碳配额需求有所变动。目前学者对于天气情况对碳价格的影响的研究主要集中在极端温度这一因素上。Mansanet 等（2007）[32] 研究了气候变量与非气候变量对二氧化碳价格的影响，通过实证研究表明，只有极端温度对碳价格波动存在影响。Seifert 等（2008）[45] 以碳配额现货为例，运用随机均衡模型研究碳价格是否存在季节性，结果表明，虽然碳价格不存在季节性，但存在自相关性。

5. 极端事件

极端事件的发生也会对碳市场造成影响。Chevallier 和 Mercier（2009）[46] 运用 EUA 期货价格数据评估了突发事件对欧盟碳市场投资者风险厌恶的情绪变化情况。研究结果表明，当突发事件出现之后，市场对于风险的感知发生了巨大的变化。另外，2008 年欧盟碳价格大幅度降低与全球经济危机有关。欧洲受到经济危机影响，从而影响工业产出进而影响碳价格波动。

三、市场联动性相关研究

1. 与能源市场联动研究

碳市场与传统化石能源的关系如上部分"能源因素"所述。同时，也有学者研究碳市场与可再生能源市场关系，如 Bird 等（2008）[47] 总结了随着碳排放监管的出现，可再生能源市场面临的关键问题，例如，可再生能源对碳交易市场的需求响应，探讨了碳政策的设计对碳市场与可再生能源市场合作的影响。Batista 等（2011）[48] 提出，巴西可再生能源发电项目能够使其在碳市场增加收益。

2. 与金融市场联动研究

总量控制与交易体系使二氧化碳配额价格化，实现了金融价值。碳市场与金融市场联动研究分为两部分。第一部分是 EU ETS 与金融股指研究。如 Lutz 等（2013）[49] 用马尔可夫区制转移模型（Markov regime-switching）研究了存在于股指和 EUA 价格之间的非线性关系。第二部分是碳市场与金融市场的联系。一类是利用计量经济学、统计学的方法研究 EUA 价格对于电力股票的影响。市场学者们大多采取多因素市场模型[50-53]。一些学者认为，碳价格波动对于欧洲电力公司有积极的效果，发现 EUA 价格波动和欧洲电力公司的股票收益具有积极的相关联系[50-52;54-56]。此外，研究表明，EUA 价格对电力企业股票收益的影响不对称，即股票市场对于 EUA 的升值或者贬值存在不同的反应。例如，Mo 等（2012）[52] 发现，在第一阶段正向的 EUA 价格变化，对电力企业股票有积极的影响，但在第二阶段则产生负面影响。Silva 等（2016）[57] 和 Moreno（2016）[58] 使用向量误差修正模型（Vector Error Correct Model，VECM）分别研究了 EU ETS 对西班牙电力上市公司、西班牙污染行业的股票的影响。另一类则使用事件分析研究方法。Bushnell 等（2013）[59] 和 Jong 等（2014）[60] 研究了 2006 年碳市场价格大幅度下跌对能源密集型企业的股票收益的影响，研究发现，碳价格暴跌会引起能源密集型企业的股票收益下降，但存在一个三天的滞后期。Brouwers 等（2016）[61] 利用事件研究方法证明了碳配额的短缺与上市公司盈利存在负相关关系。

3. ETS 与 CDM 联动性研究

学者们通过研究发现，欧盟排放额度（EUAs）与认证减排额度（CER）之间存在显著的关联性[62-65]。Nazifi（2013）[66] 采用时变参数分析的方法，得到 EUA 和 CER 之间的结构性关系变化，确定了影响两者价差动态的因素，分析了价差的动态演化过程。Kanamura（2016）[67] 研究得到 EUA 交易量对 EUA-CER 掉期交易的正向影响以及能源价格对 EUA 价格的正向影响。同时，EUA 现货、EUA 期货及 CER 之间存在关联关系，其中，EUA 期货价格在这一关系中起到主导作用[68]。

四、碳价格预测相关研究

近年来，碳排放价格预测的研究引起了众多学者、专家以及控排企业的关注，按照预测方法的类型可以分为两类：

第一类是运用传统的时间序列模型进行预测。Byun 和 Cho（2013）[69] 使用了不同类型的 GARCH 模型预测了未来碳价格波动。García 等（2013）[70] 利用时间序列预测—差分自回归移动平均模型（Autoregressive Integrated Moving Average Model，ARIMA）方法预测碳价格，影响因素包括化石燃料价格、CO_2 排放许可和电价。Chevallier（2011）[71-73] 运用宏观经济、能源价格等变量预测了未来 EU ETS 碳市场期货价格波动。Zhao 等（2018）[74] 提出一个实时预测模型，采用由经济和能源指标组成的混合频率数据来预测每周的碳价格。结果表明，与传统模型相比，混合抽样模型（Mixed Data Sample，MIDAS）提高了预测精度。

第二类是运用人工智能的方法对碳价格进行预测。Atsalakis（2016）[75] 通过一种计算智能的混合模型预测碳价格，并分析是否存在投资盈利的机会。Zhu 等（2018；2017）[76-77] 提出一种基于经验模态分解（Empirical Mode Decomposition，EMD）和最小二乘支持向量机（Least Square Support Vector Machine，LSSVM）的多尺度非线性集成学习模型，并以其核函数为原型对碳价格进行预测。Zhang 等（2018）[78] 提出一种综合集成经验模态分解（Complementary Ensemble Empirical Mode Decomposition，CEEMD）、协整模型（Co-integration Model，CIM）、广义自回归条件异方差模型（Generalized Autoregressive Conditional Heteroscedasticity，GARCH）和灰色神经网络（Grey Neural Network，GNN）的混合模型对碳现货价格进行预测，预测结果证明该模型具有较高的精度。

五、碳市场风险度量相关研究

碳市场风险对碳交易活动、市场参与者、政策制定者、气候环境等均有所影响[7]。结合碳市场的金融属性及特殊性，碳市场风险可以划分为市场风险和政策制度风险两种。其中，市场风险体现了价格波动、市场汇率波动等因素导致的碳市场参与者所承担的相应风险损失。这在一定程度上引起市场波动，催生市场风险的出现。政策制度风险一般是指由于政策和制度的不确定因素给市场主体带来的损失风险。当今世界上还没有形成一个统一的国际性的碳交易市场，导致各个国家、地区的碳交易机制和交易产品具有较大的差异。碳市场的运行依靠国家法律，在很大程度上依赖政策规制以及政府监管，这就造成了政策上的变化对于市场起到重要影响。例如，2015 年 12 月巴黎气候谈判，各方对碳排放的责任进行磋商，谈判的结果对碳市场未来的走向造成影响。现有文献主要集中在 EU ETS 市场风险研究，通过对市场风险的研究，为碳市场投资者、参与者、管理者提供相关参考。

从研究对象上来看，已有研究主要集中在欧盟碳市场的风险分析上。碳市场的研究分为定性描述和定量研究。在定性描述方面，Ellerman 等（2010）[29] 从 EU ETS 的价格波动的影响因素方面阐述了碳市场的不稳定性。在定量分析方面，主要采用数学模型进行风险度量。Chevallier（2010）[79] 研究了期货和现货风险溢价关系。蒋晶晶等（2015）[80] 建立了量化碳市场价格波动风险的 GARCH-EVT-VaR 模型，分析了 EU ETS 现货市场风险。还有研究分析了 EU ETS 和 CDM 的市场风险[81-82]。Paolella 和 Taschini（2008）[83] 提出了一种针对排污权交易的数据特征的模型，与常用的风险预测模型相比，改造的 GARCH 方法在模型拟合和样本外风险预测方面更为有效。凤振华等（2011）[84] 运用资产定价模型分析 EU ETS 市场风险，并通过 Zipf 技术研究不同预期收益下碳价波动行为。

从研究方法上来看，Value at risk 模型（VaR）广泛用于风险分析研究中，但该模型不适用于分析极端事件的风险问题。碳市场风险与金融市场风险相比具有一定的特殊性，碳市场更容易受极端事件如国际政策、气候谈判、碳配额分配方式等的影响。因此，针对碳市场的特殊性，选择极值理论作为研究工具更为恰当。极值理论（Extreme Value Theory，EVT）是一种在极端市场条件下测量市场风险的有效方法[85-86]。目前 EVT 已广泛应用于金融领域[87]、能源市场风险分析[88] 及极端环境情况分析等。Feng 等（2012）[88] 和凤振华（2012）[89] 使用 EVT 对 EU ETS 期货市场的风险进行分析。

六、区域碳市场协调发展相关研究

1. 国家间减排合作的博弈

温室气体的有效治理需要通过全球各个国家的积极合作才能解决。然而现实情况是，在气候谈判中的国家间合作框架很难实现，造成这种现象的原因是谈判各方的利益相关性和非对称性。在早期研究文献中，Fuentes-Albero（2010）[90] 以博弈论中的相关原理为基础为国际间的气候合作问题建立模型，充分诠释了单独个体的理性机制所带来的"搭便车"现象和国家间合作的非一致性问题。余光英、祁春节（2010）[91] 研究得到，只有合作博弈才能实现减排目标，缓解气候变暖。曲如晓和吴洁（2009）[92] 构建了一般均衡模型（CGE），分别设立了封闭经济与开放经济两种情景，分析了减排对环境的影响及商品价格波动带来的经济方面的影响。

2. 区域碳市场合作

区域碳市场协调发展必将成为碳市场未来的发展趋势，从而提高减排效率。目前已有多个国家或地区进行区域碳交易的尝试。例如，加拿大魁北克碳市场与美国加州碳市场在 2008 年开始进行合作，两个碳市场共同建立 ETS，其配额可以进行交易，实现区域碳市场合作模式。中国在 2017 年 12 月宣布正式启动全国性的碳市场，目前中国已有八家碳交易试点，建立覆盖多个高能耗、高污染行业的全国性统一碳市场成为未来的工作计划。

关于区域碳市场的研究主要分为两类：一类是实施区域碳交易的障碍、困难。其中，Tuerk 等（2009）[93] 以美国、日本、澳大利亚、欧盟等新兴碳市场为例，分析了实施市场连接的障碍，为了确保区域碳交易的协调，需要尽早进行机构合作。另一类是研究了实施区域碳交易对于经济、环境的影响。这部分的研究主要运用了系统建模的方法，包括可计算一般均衡模型（CGE）与 Agent Based Model（ABM）。Zhang 等（2017）[94] 利用 CGE 模型模拟了国际碳市场形成的经济影响。Fan 等（2016）[95] 通过构建 CGE 模型研究全国碳市场对中国区域经济的影响。Tang 等（2015，2017）[1,96] 运用 ABM 研究碳初始价格设定、碳市场不同的机制设计对经济、环境的影响。He 等（2018）[97] 首先从理论上阐明了区域经济一体化对 CO_2 边际减排成本的影响机制，其次运用面板数据模型实证研究了中国背景下区域经济一体化对 CO_2 边际减排成本的影响关系。

七、文献评述

先前的研究成果主要运用定性、定量、系统建模的方法对碳市场价格机制、市场运行等科学问题进行了研究。国内外学者对碳市场的相关研究为本书提供有益的启示与借鉴，通过对文献的梳理，发现可以从以下五个方面对碳市场的研究进一步拓展：

第一，目前的研究鲜有对碳市场价格机制进行分析，本书将从价格形成、价格运行的角度对碳市场价格机制进行分析，并分别对 EU ETS 和中国碳市场的价格机制进行对比分析。

第二，在碳市场交易日益增长的情况下，市场风险问题逐渐显现。目前有关碳市场关联性方面的研究，主要集中在碳市场与金融市场、碳市场与能源市场、期货价格与 CER 价格的关系，缺乏对碳市场之间的关联关系的考察。本书将选取有代表性的碳市场，分析其市场尾部相关关系，探究碳市场间是否存在资产组合套期保值的机会，并分析其原因。

第三，以往对碳市场价格的研究主要运用 GARCH、Var 以及 ARIMA 等传统时间序列预测模型，又或者是运用传统机器学习的时间序列预测方法。鲜有通过成熟的深度学习方法对碳市场价格进行建模预测。本书将提出一种新颖的深度学习方法，并引入到碳市场价格预测研究中，提高价格预测精确度。

第四，碳市场实现区域合作有助于实现减排目标，但是市场之间发展程度参差不齐。碳市场成熟度分析可以衡量碳市场发展程度，对碳市场的运行和发展有着重要的影响。目前缺乏一套科学全面的碳市场成熟度评价指标以及有效的成熟度评价方法。本书将充分考虑各方面因素对碳市场成熟度进行研究。

第五，目前对碳市场区域协调发展的研究运用 CGE 模型、ABM 等系统仿真方法从配额分配方式、碳价格定价的角度进行研究。本书从二氧化碳影子价格出发，探究中国实现区域碳交易的可能性以及其潜在效应，为全国性碳市场的建立提供直接证据。

第三节　研究内容与方法

一、研究内容

研究碳市场价格机制与区域协调发展对于碳市场稳健、健康发展，实现节能减排的目标具有至关重要的意义。本书的研究围绕碳市场的二重性，从金融属性与社会属性出发，围绕碳市场价格机制及碳市场区域协调发展的具体科学问题展开。核心内容分为五个部分：第一部分阐述碳市场价格机制，厘清碳市场价格形成机理与运行机制，具体分析欧盟碳交易市场与中国碳市场的价格机制，并予以比较；第二部分从碳市场间风险管理角度出发，分别探究发达国家碳市场间、发达国家与发展中国家碳市场间以及发展中国家的碳市场间是否存在尾部相关性及其原因；第三部分从碳价格影响因素入手，提出一种新颖的深度学习方法并用其对碳价格进行预测；第四部分提出一种科学的、全面的测度碳市场成熟度的指标体系及评价方法，并对目前有代表性的碳市场（EU ETS 与中国主要碳市场）的成熟度进行评估；第五部分研究中国实施区域碳交易对经济、环境的影响。研究内容如图 1-1 所示。

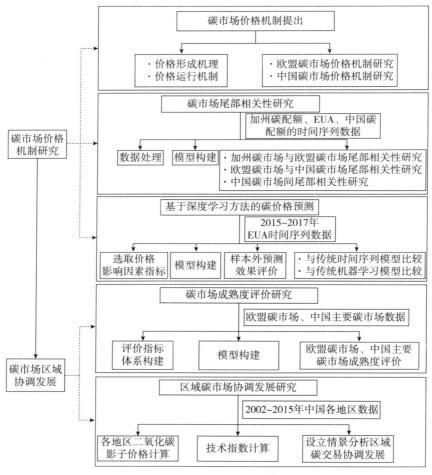

图 1-1 研究内容

1. 碳市场价格机制

本部分从碳价格形成机制与碳价格运行机制对碳市场价格机制进行了全面

分析，从供给需求的角度研究碳价格形成的要素，从市场波动、价格调控与管理的层面研究碳价格运行的情况。进而分别深入分析 EU ETS 与中国碳市场的碳价格机制。

2. 碳市场间尾部相关的实证研究

在模型方面，考虑了碳市场尖峰厚尾的特点，采用了 Zhang（2017）[98]提出的基于极值理论的尾部相关系数模型，刻画了碳市场之间的非线性相关关系。在实证方面，样本选取了加州碳市场、欧盟碳市场及中国五个碳交易市场（北京、上海、深圳、湖北、广东），分别将时间序列拟合广义极值分布，计算市场间是否存在尾部相关性，考察不同市场之间是否存在投资组合套期保值、规避风险的机会，并探究其原因。

3. 碳价格预测的实证研究

在模型方面，考虑样本量有限的背景下，提出一种新颖的深度学习研究方法，从量化的角度预测碳价格发展趋势。在实证方面，选取欧盟碳市场期货数据，将时域卷积架构（Temporal Convolutional Network）引入 Sequence to Sequence 模型，构建 TCN-Seq2Seq 深度学习模型，刻画碳价格趋势，通过对训练集的学习，对测试集数据进行预测，并与传统时间序列模型及传统机器学习模型进行比较，检验其预测能力，模拟了碳价格预测趋势。

4. 碳市场成熟度评估

在模型方面，本书构建了一种新型的多准则决策模型。该模型基于粗糙理论，并集成了主观指标与客观指标。在实证方面，确定了衡量碳市场成熟度的指标体系，对欧盟碳市场和中国碳市场的成熟度水平进行测度并进行比较；通过与其他模型的计算结果进行比较，验证提出方法的准确性与优越性。

5. 碳市场协调发展研究

本书运用 Slack Based Model（SBM）模型计算各个地区的二氧化碳影子价格，进而构建情景分析，运用非线性回归的方法研究中国实现区域间碳交易对经济、环境的潜在效应。通过对区域碳交易的模拟研究，为建立全国碳市场提供科学依据。

根据以上研究内容，本书围绕碳市场的价格机制及区域协调发展两个科学问题，运用理论分析、数学模型、实证检验、系统建模等多种技术手段展开研究，研究框架如图 1-2 所示：

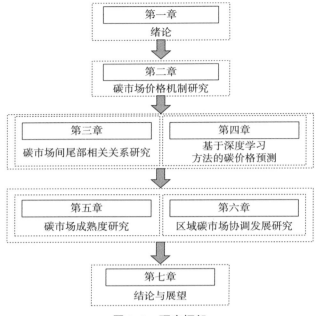

图1-2　研究框架

第一章为绪论。从研究背景出发，对现有文献进行梳理并加以评述。第二章为碳市场价格机制研究，从价格形成机理与价格运行机制两个方面进行剖析。第三章为碳市场间尾部相关关系研究。基于碳价格具有尖峰厚尾的特点，通过运用极值理论，研究有代表性的碳市场之间的尾部相关关系，并解释其原因。第四章为基于深度学习方法的碳价格预测。运用深度学习的方法，对碳价格进行预测。第五章为碳市场成熟度研究。构建评价碳市场成熟度的指标体系，建立一种基于粗糙集理论的主客观权重结合的评价方法，对欧盟碳市场与中国碳市场的成熟度进行评价，分析各个碳市场存在的问题以及未来发展的方向。第六章为区域碳市场协调发展研究。利用情景分析法分析实现区域碳交易的潜在效应，对未来碳市场发展提出管理建议。第七章为结论与展望。归纳总结本书的研究结论与主要创新点，提出未来研究中可能的改进之处。

二、研究方法

1. 文献研究法

文献研究法是指通过对现有研究的查阅与梳理，探寻适用于本研究问题的理论与方法。通过对碳市场相关文献的阅读、梳理，掌握有关对碳市场价格机制及协调发展的相关科学认识。

2. 比较分析法

比较分析法是指对多个研究对象进行比较，探究其相同点与不同点。本书运用比较分析法，对碳市场进行研究。比较主要碳市场价格机制，探讨其相似性与相异性；通过比较市场运行机制，探究不同碳市场成熟度差异的原因。

3. 深度学习方法

深度学习源于神经网络的概念，通过对经验数据的学习，将低层特征进行提取形成高层的属性与特征，从而对序列进行预测。由于碳价格不仅具有金融属性同时受到政府政策、气候谈判等多种因素影响。传统线性时间序列方法对于研究碳价格具有一定的局限性，本书建立一种新的深度学习的方法，充分挖掘数据特征，实现对碳价格进行精准的预测。

4. 极值理论

极值理论从数据出发，用于处理与概率分布的中值相离极大的极端情况。碳市场既有金融属性，又用其特殊属性，碳市场更容易受极端事件的影响。因此，针对碳市场的研究，选择极值理论作为研究工具更为恰当。

5. 系统分析法

系统分析法是通过提炼整个系统的特点、运行规律，对研究对象进行全方位的、科学的研究分析。碳交易机制具有复杂性、特殊性，通过建立合理系统评价模型，综合分析碳市场成熟度问题。

6. 情景分析法

情景分析法是指通过设立不同的情景，对研究对象进行分析。区域碳交易市场协调发展存在多种可能性，在分析过程中需要考虑多种可能性影响，因此，本书为了全面分析碳市场区域协调发展，设立不同的情景，研究区域碳交易对经济、社会、环境的影响。

第四节　研究创新点与主要贡献

从碳市场的特殊性出发，针对其金融属性与社会属性展开研究，通过研究碳市场价格机制、市场间尾部相关性及碳价格预测问题，丰富了碳市场价格机制研究，为其提供新的研究思路与经验证据；通过研究主要碳市场的成熟度及区域碳交易，扩充碳市场区域协调发展研究，为碳市场运行管理提供政策参考与建议。具体地，本书为现有碳市场研究提供如下五个贡献：

第一，定性地提出碳市场价格机制的原理，从碳价格形成、碳价格运行两个方面研究碳市场价格机制，对 EU ETS 和中国碳市场碳价格机制进行深入分析并予以比较。

第二，运用极值理论，量化碳市场之间的尾部相关关系，刻画出不同碳市场之间的尾部相关结构，并探寻其原因，为碳市场参与者、投资者提出资产管理的相关建议，为碳市场金融化提出战略思考。

第三，运用一种改进的深度学习方法，以欧盟碳期货价格为例，对碳价格进行预测，与多种时间序列预测方法进行比较，证明本书提出的方法对于碳价格具有更高的预测能力。在方法上进行了创新，拓展了深度学习方法在碳市场研究方面的应用。

第四，构建科学的、全面的衡量碳市场成熟度的指标体系，构建一种基于粗糙理论的主客观集成权重，从而解决主观不确定性的问题，通过对 EU ETS 及中国碳市场的成熟度评价，对市场成熟度进行比较，并探究其原因。该实证研究对碳市场运行研究提供丰富的实践经验。

第五，从区域二氧化碳影子价格存在的差异出发，构建不同的情景模式，对各地区实行区域碳交易进行模拟，研究区域市场间协调发展的情况下对经济、环境的影响。该研究为区域碳市场协调发展理论提供思路，为建立稳健的跨区域碳交易机制，实现区域碳市场协调发展提供战略参考。

第二章
碳市场价格机制研究

随着碳市场的兴起，碳配额及碳资产衍生品已经成为重要的金融产品，碳市场价格的波动在一定程度上影响控排企业的减排成本，从而影响企业生产决策的制定。企业根据自身的排放需求，将减排成本与碳价格进行比较，决定改进生产抑或是购买碳配额。因此，碳价格在一定程度上对企业的生产过程中的资源配置、生产技术选择以及清洁能源使用率等方面造成影响。从长远来看，碳市场通过影响减排成本，实现减少温室气体排放的目标。为此，研究碳市场价格机制至关重要，本章从碳市场价格机制出发研究碳市场的价格形成机理与价格运行机制，并探讨具有代表性的 EU ETS 与中国碳市场的价格机制。

第一节　碳价格形成机理与运行机制

碳市场价格机制主要包括价格的形成机理与价格的运行机制两个阶段。如图 2-1 所示，碳市场价格机制是一个闭环的作用路径。

首先，由于碳配额遵循一般商品市场的特征，碳市场价格形成机制主要受到供给端与需求端共同作用，从而形成碳配额的初始价格。其中，供给端主要受到总量控制与配额分配方式的影响。需求端为控排企业的实际碳排放量。其次，价格的运行机制主要包括两个层面：第一个层面是政府的价格调控与管理，第二个层面是碳市场价格波动。随着碳价格机制的运行，碳价格作为减排成本引起控排企业的注意。作为企业生产成本的一部分，碳价格对企业能源消费结构、生产决策产生影响，而企业生产决策的转变会影响实际排放量，进而从需求的角度影响价格的形成。而政府的价格调控与管理对配额供给产生影响。

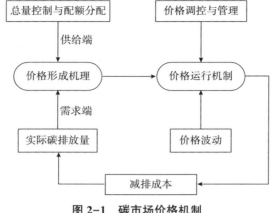

图 2-1　碳市场价格机制

一、碳价格形成机理

碳排放权作为一种特殊的交易商品，遵从一般商品的属性，其初始价格由配额供给与配额需求相互作用而形成。

在配额供给方面，主要包括总量控制与配额分配两方面（见图 2-1）。控制二氧化碳气体排放的总数量与配额的分配方式影响着碳价格的形成。从控制排放数量来看，倘若控制排放数量较高，高于实际二氧化碳排放量，就会使碳价格走势低迷，偏离实际的边际减排成本；倘若控制排放数量设定的较低，则与实际二氧化碳排放量差口过大，会使碳排放权供小于需，价格上升，如果价格持续上升，会加大企业负担，影响企业的核心竞争地位，削弱企业参与碳交易的意愿，导致市场参与率下降[99]。

配额的分配方式同样影响价格的形成，如文献综述回顾所述，配额的分配主要涉及三种分配方式，包括祖父法、基准法、公开拍卖法。其中，祖父法与基准法为免费分配配额方式；公开拍卖法为有偿分配配额方式。在配额免费分配的制度中，一部分免费分配的配额可以直接用于碳交易履约环节，因此，这部分配额可能永远不会进入市场。如果这种情况大规模发生，那么就会影响碳交易的活跃度，进而阻碍减排的边际成本降低与碳排放权的市场价格形成[100-101]。免费分配配额方式在一定程度上影响了配额的稀缺程度，进而使市场疲软、价格疲软，造成企业对于碳排放权价值的认识不足[102]。

公开拍卖分配方式使控排企业不能获得免费的补贴，只能通过购买获得碳配额。在实际碳交易过程中，公开拍卖的配额分配方式有助于发现减排成本的市场价格，从而改变企业对于履约成本的预期[103-104]。启用公开拍卖的方式可以增加碳市场的流动性，加强碳市场交易制度的认可度。因此，公开拍卖的方式对价格形成起到重要作用。

在碳配额需求方面，主要由实际排放量决定。而实际排放量受到生产技术、经济发展水平、市场需求等一系列的因素影响。总而言之，碳配额的初始价格的形成由供给需求两方面相互作用决定。

二、碳价格运行机制

碳市场价格运行机制主要包括两个方面：一方面是价格波动，另一方面是政府对于碳市场价格的调控与管理。碳市场价格波动是市场价格运行的重要表现，但由于碳市场受到多重因素的影响，政府对于碳市场价格的调控与管理又成为碳市场健康发展的重要保障措施。

首先，从价格波动角度出发，碳价格的波动主要表现在两个方面：一是碳价格受到诸多因素的影响；二是碳市场与其他市场存在联动性，使碳金融产品与其他金融产品组合具有套利的机会。由于碳市场价格受到经济、金融市场、能源价格、极端天气等因素的影响。经济、金融市场环境影响企业的生产经营活动，温室气体排放伴随着企业的生产活动，因此，经济、金融市场环境与碳价格存在直接的相关关系；能源价格的波动影响能源消费结构的变动，其中，煤炭、石油、天然气等化石燃料的燃烧造成的碳排放强度相对较大，太阳能、核能、风能等清洁能源的使用使生产过程中碳排放强度相对较小。传统能源消耗，必然增加温室气体排放；清洁能源使用比例增加会减少温室气体排放。从商品替代效应的角度出发，控排企业对于能源的价格弹性的敏感度会影响其能源使用结构，进而影响碳排放强度与碳市场价格的波动。因此，能源价格的波动是碳价格波动的主要原因之一。极端天气也是碳价格波动的一个重要原因。极端事件可以对碳市场价格运行造成巨大的冲击，致使碳市场价格出现暴跌的情况。包括排放数据的重大偏离以及配额制度的调整；碳市场运行过程中的重大紊乱以及金融危机等外部冲击都会造成碳市场价格的极端波动。从市场的套利机会的角度分析，碳市场与金融市场、能源市场、基于项目的 CDM 机制均有联动性。碳市场金融产品的创新加大了碳排放权与其他市场的金融产品构成投资组合，以抵御市场风险的机会。随着碳金融产品的多样化，碳价格的波动越来越趋于正常化、市场化。

其次，政府对于碳市场价格的调控与管理确保了碳市场机制的正常运行。不同于股票市场、汇率市场等成熟的金融市场，碳市场仍处于发展阶段，市场制度的设置仍然不完善，市场参与者对于碳交易的认知并不完全，这些因素在一定程度上加大了市场失灵的可能性，政府对于碳市场价格的调控与管理为碳市场的正常有序运行、实现市场功能发挥了重要作用。主要的调控与管制方式包括设定碳价格波动限制、建立项目抵消机制、实现碳配额跨期存储等[105]。价格波动限制，即给予碳价格波动上下限的约束，这种方式可以稳定调节碳市场价格。项目抵消机制指项目减排份额抵消碳配额排放的机制，是在碳市场运行中，将 CDM、JI 等项目的核证排放量抵消控排企业的温室气体排放量的一种机制。跨期存储是指碳市场交易过程中将当期的配额留至未来履约期使用。政府对于价格的调控与管理是保障碳市场可持续运行的关键。

第二节　EU ETS 碳价格机制

EU ETS 是目前世界上规模最大、交易最活跃的碳市场，是全世界碳市场的风向标，其发展动态为全世界碳市场提供参考。因此，本部分将详细介绍 EU ETS 的碳价格机制。

一、EU ETS 碳价格形成机理

EU ETS 的价格形成机理受到市场供给与需求的影响，如图 2-2 所示。供给端由总量控制与配额分配情况、跨期存储的碳配额、CDM 与 JI 配额抵消共同决定；需求端由实际碳排放量决定，而碳排放量又由减排技术、减排成本所决定。具体分析供给端的总量控制与配额分配情况：

在总量控制方面，EU ETS 在三个阶段降低了温室气体排放量的上限。EU ETS 第一阶段（2005~2007 年）的排放上限设定为每年 2.181 亿单位碳排放配额；在第二阶段（2008~2012 年）排放上限下降至每年 2.083 亿单位碳排放配额；在第三阶段（2018~2020 年），EU ETS 规定每年的排放上限下降 1.74%。除此之外，在第三阶段，EU ETS 对于已经参与的控排企业与新进入

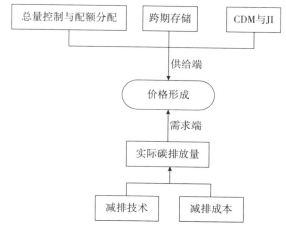

图 2-2　EU ETS 碳价格形成机理

市场的控排企业配额设置实施区别化管理。其中 5% 的配额量被预留给新的市场参与者。

在配额分配方式方面，在 EU ETS 初步实施阶段，市场采用祖父法进行配额分配，关注现有排放设备的历史排放数据可以提高数据的可靠性以及政策的可实施性等。随着 EU ETS 的发展，市场积累了大量的、可靠的排放数据，EU ETS 开始转变分配方式，在第三阶段运用基准法分配方式替代祖父法分配免费配额，建立了涉及 52 种产品的基准以及在燃料、热能和生产过程中的不用准则。分配给每个排放设备的配额由产品基准、历史产量、碳泄露因素以及上限调整四个因素综合考量决定。到了第三阶段，EU ETS 提高了公开拍卖分配配额的比例，基准法配额分配比例只占少部分。

同时，跨期存储制度、CDM 与 JI 等项目抵消机制同样会影响碳排放权的供给。EU ETS 在这两方面的相关具体运行状况描述见下一小节。

二、EU ETS 碳价格运行机制

由于价格运行机制中的价格波动影响因素已在前文进行了详细描述，因此，本小节集中阐述价格调控与管理方面的内容。目前，常见的价格调控与管理手段主要包括设置价格波动限制、配额抵消机制与跨期存储[105]。

第一，EU ETS 并没有设立价格波动限制。EU ETS 在实施初期注重市场机制的运作，忽视了对价格波动的关注。2006 年核证减排数据的泄露致使市场价格暴跌；2008 年欧洲受到全球经济危机的影响，工业生产变慢，市场对于配额的需求量减少，进而使碳配额供过于求，价格持续下降。EU ETS 价格暴跌的案例说明设置价格波动限制对于市场价格正常、稳定地发展的必要性。

第二，针对配额抵消机制，EU ETS 在抵消项目及抵消比例方面均有明确的规定，具体地，欧盟委员会规定 CER 及 ERUs 均可用于抵消排放，比例不可超过配额总量的 13.14%。减排项目抵消机制在一定程度上可以缓解碳价格的剧烈波动，但过于宽松的抵消机制会造成碳市场出现供过于求的可能性。因此，设立合理的抵消机制才能在真正意义上对碳市场价格进行调节。

第三，EU ETS 在不同阶段对于配额的跨期存储机制采取了不同的方案。在第一阶段，由于市场处于试运行阶段，因此，EU ETS 不允许控排企业进行跨期存储。在第二阶段、第三阶段，EU ETS 允许控排企业存储碳配额用于未来期履约或交易。配额的跨期存储有利于市场需求方灵活应用市场机制，有利于活跃碳市场交易行为。

第三节　中国碳市场价格机制

目前，中国碳市场已有八家碳交易试点，中国碳市场的温室气体覆盖量已达到世界第二，成为重要的碳市场。因此，本部分将详细分析中国碳市场的价格机制。

一、中国碳市场价格形成机理

目前中国的碳交易试点地处不同地区，由于经济发展水平、能源结构、工业结构等方面的差异性，碳交易试点所设立的排放上限与分配方式均有所不同。具体地：

如图 2-3 所示，在配额总量方面，2013 年中国各碳交易试点的配额总量最低的为深圳仅 0.33 亿吨，最多的为广东 3.88 亿吨。尽管深圳碳市场设定配额总量小，但其涵盖的实体约有 635 个，远远超过了广东碳市场的 184 家控排企业。这主要是因为经济上的结构差异，深圳的经济以服务业为主，广东的经济主要依赖于能源密集型的工业。在 2013～2017 年，北京、上海、天津、深圳的碳配额总量基本保持不变，广东碳市场将配额总量从 2013 年的 3.88 亿吨增长到 2015 年的 4.08 亿吨，又在 2017 年提高到 4.20 亿吨。为适应经济的增长速度以及实际碳排的需求，湖北碳市场与重庆碳市场都分别对碳市场配额总量予以调节。值得注意的是，与 EU ETS 不同，中国碳交易试点配额量的设定主要根据各个地区的碳排放强度，而不是根据实际排放量而定。

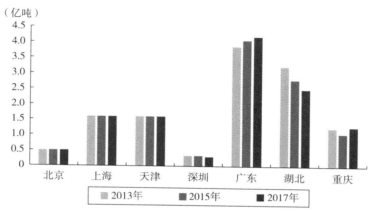

图 2-3 中国各个碳交易试点配额总量

在配额分配方法上，中国所有的碳交易试点均采用以祖父法和基准法为主要的分配方式。其中，北京、天津、深圳、广东、湖北、重庆碳市场采用逐年免费分配，上海碳市场采用一次分配三年的方式分配免费配额。在公开拍卖部分，北京碳市场预留 5% 的配额总量用于公开拍卖，上海、天津、重庆碳市场没有公开拍卖环节，深圳碳市场公开拍卖配额比例约 5%，广东碳市场公开拍卖比例为 3%，湖北碳市场公开拍卖比例为 10%。

从供给的角度来看，中国碳交易市场普遍存在市场配额量不灵活的问题。配额分配方法以免费配额分配法为主，不利于调动碳市场交易的积极性，碳价格并没有体现真正的减排成本。

二、中国碳市场价格运行机制

第一，在设定价格波动限制方面，除了湖北碳市场没有设定价格波动限制以外，其他碳市场均设立了碳价格波动限制。但各个碳市场的限制幅度不同，其中，北京碳市场涨跌幅限制为 20%，上海、重庆碳市场涨跌幅限制设定为

30%，天津、深圳、广东碳市场涨跌幅限制设定为10%。中国碳市场采用的限制机制类似于金融股票市场的涨停板，但中国碳市场并不像传统金融市场一样活跃，碳价格波动不明显，很少出现触发碳价格波动限制的情况，另外各个碳市场并未严格执行这种机制，因此，价格波动限制这一价格调控机制在中国碳市场不能有效发挥维稳市场的功能。

第二，在项目抵消机制方面，中国各个碳市场的规定均有所不同。如表2-1所示，从可用于抵消碳排放的产品种类来看，北京允许的抵消产品较为广泛，包括中国核证自愿减排额度（Chinese Certified Emission Reductions，CCERs）、节能项目减排量、林业碳汇减排量；上海、天津接受全国的CCERs；深圳、广东、湖北只接受本地区的CCERs；重庆将林业碳汇纳入可抵消的产品。从抵消比例来看，各地的规定并不一致，北京对于本地的配额抵消产品比例为当年配额数量的5%，但对于其他地区项目的核证减排量的抵消比例不能超过2.5%；上海碳市场抵消比例为实际排放量的5%；天津、深圳、广东、湖北碳市场的抵消比例最高为10%；重庆碳市场的抵消比例为8%。从整体来看，中国碳交易市场仍然存在地区保护的特点。事实上，打破市场壁垒，将其他地区的CCERs纳入本地碳市场，才能更有效地实现减少温室气体排放的目标。

表 2-1　中国各个碳交易试点配额抵消机制设定

类别 各省市碳市场	配额抵消产品	抵消比例
北京碳市场	CCERs、节能项目减排量、林业碳汇减排量	不得高于当年排放配额数量的5%，其中来自京外项目产生的核证自愿减排量不得超过2.5%
上海碳市场	CCERs	当年实际排放量的5%
天津碳市场	CCERs	当年实际排放量的10%
深圳碳市场	省内CCERs	当年实际排放量的10%
广东碳市场	省内CCERs及省内林业碳汇	当年实际排放量的10%
湖北碳市场	省内CCERs	当年实际排放量的10%
重庆碳市场	林业碳汇	当年实际排放量的8%

资料来源：各地区碳市场网站。

第三，在跨期存储机制设置方面，目前中国碳市场还不允许跨期借贷。碳市场金融产品单一，只有现货市场，不存在期货、期权等碳金融衍生产品，这就造成了中国碳交易并不活跃。另外，跨期存储机制的缺失也造成了中国的碳交易具有明显的阶段式交易特点，即在履约期前夕（每年的 5~7 月），交易异常活跃，而在其他时间，交易活跃度不足。

本章小结

　　本章从碳市场价格形成机理与碳市场价格运行机制两个方面探究碳市场的价格机制，通过分析得到碳市场价格机制是一个闭环机制，从供给与需求两个方面决定初始价格。在市场运行过程中，市场价格受到环境、经济、金融、天气等诸多因素的影响，政府的价格调控与管理在一定程度上起到维稳的作用。此外，本章还具体分析了全球最大、历史最悠久的 EU ETS 的碳价格机制与中国主要碳市场的价格机制。结果发现，EU ETS 在价格形成机理中的供给端逐渐完善，以之前碳市场运行过程中积累的碳排放数据为基础，设置控制排放总量数目，并逐步减少免费配额的发放，增加公开拍卖配额分配的比例。另外，在价格运行方面，EU ETS 在实施跨期存储与项目抵消机制，能够有效地调节市场价格，但 EU ETS 缺乏价格波动限制机制。反观中国碳市场，其价格形成机制的供给端缺少合理的、科学的配额数量的测算，且配额分配方式以免费配额分配方式为主，不能准确体现减排成本；在价格运行机制的调控与管理的设置方面，其价格波动限制的设定、抵消机制的覆盖情况以及跨期存储机制均存在改进之处。

第三章
碳市场间尾部相关关系研究

第一节　引言

　　碳市场作为一个新兴市场，已经成为全球金融市场的重要组成部分。关于碳市场风险的研究，主要集中于对 EU ETS 这一单一碳市场的风险研究[82;88-89;106]。EUA 已被证明是一种可盈利资产，可以被投资者作为投资组合的一部分来分散投资风险[107-108]。随着碳市场的发展，碳价格风险管理的重要性日益凸显。Fan（2014）[109] 计算了 EU ETS 的套期比率，并考察了套期的有效性。研究发现，大部分投机活动发生在期货合约的前端，而套期保值的需求集中在期货合约的第二交割期[110]。有关碳市场间的相关性研究，主要集中在研究 EUA 与 CERs 之间的相关关系，从而寻找最佳风险管理、投资组合选择和对冲机会[64-66]。了解碳市场的尾部相关性对于资产配置、投资策略和风险管理都是至关重要的。

　　近年来，随着 ETS 被广泛应用，各个国家分别建立了碳市场，如美国加州碳市场（CA CAT）、澳大利亚碳市场、韩国碳市场、新西兰碳市场、中国碳市场等。随着碳市场的蓬勃发展，各个国家或地区的碳市场间是否存在相关性？市场之间是否存在规避风险、套利的机会？由于极端情况会导致碳市场的剧烈波动，碳市场价格具有明显的尾部分布特征，因此，本章将采用极值理论的方法，选取 CA CAT、EU ETS、中国碳市场为例，来探究碳市场间的尾部相关关系并分析其原因。

第二节　模型与方法

极值理论（EVT）用于处理概率分布尾部的问题，是研究极端情况发生的一种有效的方法。现有的研究表明，金融资产收益存在尾部相关的特征。本章将使用极值理论对碳市场尾部相关性进行研究。

尾部相关的基本概念是计算二元随机向量同时出现极值的概率。尾部独立性的概念最初由 Sibuya[111] 提出，即边际分布相同的两个随机变量之间的尾部相互独立。同分布随机变量（X，Y）如果满足式（3-1），则说明（X，Y）为独立的[112-113]。

$$\lambda = \lim_{u \to X_F} P(Y > u \mid X > u) = 0 \tag{3-1}$$

其中，$X_F = \sup\{x \in R: P(X \leqslant x) < 1\}$，$\lambda$ 称为二元变量的上尾相关系数，它衡量了二元变量的相关关系程度。在此基础上，学者研究了关于多元变量尾部相关性的理论、统计特征等问题[134-136]。对于尾部相关性的检验统计量，学者开展了基于尾部相关的零假设的相关研究[114]，以及基于尾部不相关的零假设的相关研究[115-116]。

基于尾部相关性理论，Zhang[98] 首次提出尾部相关系数（Tail Quotient Correlation Coefficient，TQCC），此检验统计量的零假设是尾部相互独立。这种方法可以直接测算出序列之间存在尾部相关性的概率，本章将采用这种方法来研究碳市场之间的尾部相关结构，进而探讨市场之间是否存在套期保值等投资机会。TQCC 的测算步骤有以下四步：

第一步：运用广义自回归条件异方差模型（Generalized Autoregressive Conditional Heteroscedasticity model，GARCH）拟合时间序列，滤除波动。

$$y_t = \rho_0 + \rho y_{t-1} + \varepsilon_t \tag{3-2}$$

$$\varepsilon_t = \mu_t \sqrt{h_t} \tag{3-3}$$

$$h_t = \alpha_0 + \alpha_1 \varepsilon_{t-1}^2 + \alpha_2 \varepsilon_{t-2}^2 + \cdots + \alpha_q \varepsilon_{t-q}^2 + \beta_1 h_{t-1} + \beta_2 h_{t-2} + \cdots + \beta_p h_{t-p} \tag{3-4}$$

其中，α_0 是常数项，α_q 是 q 阶 GARCH 项系数，β_p 是 p 阶 GARCH 项系数。拟合后的时间序列滤除了波动，是平稳的时间序列，可以用做后续模型估计。拟合后的标准残差序列称为伪观测值。

第二步：运用极值分布拟合标准残差序列。对标准残差的极值进行建模广泛应用于极值理论。广义帕累托分布（Generalized Pareto Distribution，GPD）和广义极值分布（Generalized Extreme Value distribution，GEV）是最常见的极值分布。其中，GEV 是在极值理论中发展起来的一个连续概率分布族，它包含了 Gumbel 分布、Fréchet 分布和 Weibull 分布，比 GPD 更为普遍。本书采用 GEV 分布，GEV 公式如下：

$$H(x) = exp\left(-\left(1 + \xi\frac{(x-\mu)}{\psi}\right)_{+}^{-1/\xi}\right) \tag{3-5}$$

其中，μ 表示位置参数，$\psi>0$ 表示尺度参数，ξ 是形状参数。ξ 越大，尾部收敛速度越慢，厚尾现象越显著。Gumbel 分布、Fréchet 分布和 Weibull 分布是依据 ξ 为不同取值而决定。具体如下：当 $\xi=0$ 时，为 Gumbel 分布，即极值 Ⅰ 型，主要描述无上下界的分布；当 $\xi>0$ 时，为 Fréchet 分布，即极值 Ⅱ 型，主要描述有下界无上界的分布，有较厚的尾部，多用于金融风险管理领域中；当 $\xi<0$ 时，称为 Weibull 分布，主要描述有上界无下界的分布，尾部较短。为了研究碳价格暴跌与暴涨等不同情况，本书将正伪观测序列与负伪观测序列分别拟合 GEV 分布。

第三步：根据上步骤得到的估计参数，将标准残差序列转化为单位 Fréchet。转化公式为 $I = -1/\log\{H(x)\}$。转化后的序列可以用来探究所选碳市场时间序列存在的尾部相关结构。

第四步：计算 TQCC。当 $\{(X_i, Y_i)_{i=1}^{n}\}$ 符合单位 Fréchet 的随机变量 (X, Y) 的随机样本时，则可计算 TQCC，公式如下[129;138]：

$$q_{u_n} = \frac{\max_{1\leq i\leq n}\{\max(X_i, u_n)/(Y_i, u_n)\} + \max_{1\leq i\leq n}\{\max(Y_i, u_n)/(X_i, u_n)\} - 2}{\max_{1\leq i\leq n}\{\max(X_i, u_n)/(Y_i, u_n)\} \times \max_{1\leq i\leq n}\{\max(Y_i, u_n)/(X_i, u_n)\} - 1} \tag{3-6}$$

其中，q_{u_n} 与尾部相关指数直接相关，q_{u_n} 表示一家碳市场价格出现暴跌时（负收益率高于阈值 u）另外一家碳市场也出现暴跌（负收益率高于阈值 u）的概率。尾部相关系数对市场市场监管机构、风险管理者、交易者均具有重要作用。关于 q_{u_n} 的性质以及其测量尾部相依性的相关检验请参考文献 [98]。

第三节　数据的选取

本章选取发达国家的两个碳市场，CA CAT 和 EU ETS。其中，CA CAT 是北美地区成功的碳交易市场代表，EU ETS 是目前世界上最大的碳交易市场。除此之外，还选取了中国五个碳交易试点作为发展中国家碳市场的代表，包括深圳碳市场、湖北碳市场、北京碳市场、上海碳市场以及广东碳市场。

本章选取了加州碳配额（California Carbon Unit，CCU）的价格，欧盟排放配额（Emission Unit Allowance，EUA）期货价格，以及中国五个碳交易试点的碳交易产品的价格（深圳碳排放配额，SZEA；湖北碳排放配额，HBEA；北京碳排放配额，BJEA；上海碳排放配额，SHEA；广东碳排放配额，GDEA）。数据均采用日频收盘数据，来源于 Wind 数据库。

将碳市场间尾相关分析分为三组进行，由于各个市场的创建的时间不同，三组样本的样本量也有所不同。CA CAT 于 2012 年开始运行，EU ETS 建立于 2005 年，已经历了两个阶段，目前处于第三阶段，而中国碳交易试点由 2013 年陆续成立。具体样本选取如下：

第一组：研究 CA CAT 与 EU ETS 之间尾部相关关系，截取 2012 年 1 月 1 日至 2017 年 12 月 31 日，共 1482 个样本量。

第二组：研究 EU ETS 与中国碳市场之间的尾部相关关系，数据截取情况如表 3-1 所示。

表 3-1　EU ETS 与中国碳市场之间数据截取

组合	开始时间	结束时间	样本量
（EUA，SZEA）	2013-08-05	2017-12-29	986
（EUA，HBEA）	2014-04-28	2017-12-29	876
（EUA，BJEA）	2013-11-29	2017-12-29	640
（EUA，SHEA）	2013-12-03	2017-12-29	607
（EUA，GDEA）	2013-12-20	2017-12-29	718

第三组：研究中国碳市场之间的尾部相关关系，数据截取情况如表 3-2 所示。

表 3-2　中国碳市场之间数据截取

组合	开始时间	结束时间	样本量
（SZEA，HBEA）	2014-04-28	2017-12-29	817
（SZEA，BJEA）	2013-11-29	2017-12-29	612
（SZEA，SHEA）	2013-12-03	2017-12-29	590
（SZEA，GDEA）	2013-12-20	2017-12-29	677
（HBEA，BJEA）	2014-04-28	2017-12-29	558
（HBEA，SHEA）	2014-04-28	2017-12-29	516
（HBEA，GDEA）	2014-05-05	2017-12-29	681
（BJEA，SHEA）	2013-12-05	2017-12-29	437
（BJEA，GDEA）	2014-03-11	2017-12-29	480
（SHEA，GDEA）	2014-03-11	2017-12-29	445

第四节　实证结果与讨论

一、CA CAT 与 EU ETS 间的尾部相关性

在进行尾部相关分析建模与检验前，所选取的日频时间序列数据应当转化为对数收益率序列，其表达式如下：

$$R_t = \ln \frac{P_t}{P_{t-1}} = \ln P_t - \ln P_{t-1} \qquad (3-7)$$

其中，P_t 表示碳交易产品在时间 t 的价格。

由于尾部的 EVT 建模要求数据是平稳的[117]，众所周知，大部分金融数据存在一定程度上的自相关、异方差等问题。因此，为了减少时间序列对于后续 EVT 建模的影响，原始对数收益率序列需先拟合 GARCH（p，q）模型，得到标准残差序列。由于尾部相关性结果对于 GARCH 模型种类的选择并不敏感[118]，在本书均选取 GARCH（1，1）进行拟合，过滤后得到的标准残差序列如图 3-1 所示。从图 3-1 可以看出，标准残差序列在一定程度上显示了波

动性的变化。例如，在 2017 年加州碳配额（CCU）与欧盟排放配额（EUA）均经历较大波动，可能是因为 2017 年欧洲政治不确定性，2017 年 3 月英国开启脱欧程序，对欧洲经济及世界经济造成一定影响。

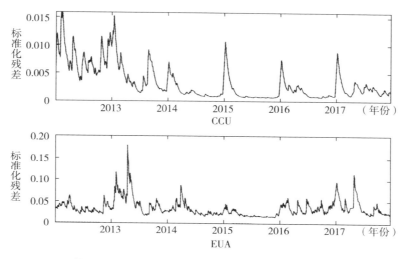

图 3-1　拟合 GARCH（1，1）后的标准残差序列

下一步骤是将高于阈值 u 的伪观测序列用 GEV 分布拟合。本书中选取 1.2 为阈值，使得 10% 的伪观测值高于阈值 u，以便进行合理的参数估计。分别将正伪观测序列与负伪观测序列拟合 GEV 分布，见式（3-5），采用最大似然估计，得到三个参数即位置参数 μ、尺度参数 ψ 和形状参数 ξ。拟合 GEV 分布结果如表 3-3 所示。表 3-3 中形状参数 ξ 均大于 0，说明碳市场价格数据具有厚尾的数据特征，因此传统的瘦尾分布如正态分布对于碳市场价格数据并不合适。

表 3-3　拟合 GEV 分布后的参数估计

	N_u	μ	ψ	ξ
CCU_n	226	8.0279	0.8961	0.157
CCU_p	187	10.7377	1.5465	0.3425
EUA_n	154	5.7817	0.8536	0.35
EUA_p	155	4.9229	0.458	0.2156

注：①CCU_n 表示 CCU 的负收益率序列；EUA_n 表示 EUA 负收益率序列；CCU_p 表示 CCU 正收益率序列；EUA_p 表示 EUA 正收益率序列。②N_u 表示超过阈值的样本量。

为了将相关关系从边际分布特征中分离出来，需要将伪观测序列转为标准边际分布。理论上，伪观测序列可以转化任意分布，只要分布函数是连续且严格递增的即可。但是式（3-6）提出的假设检验与相应的渐进分布要求数据符合 Fréchet 分布，因此，根据 GEV 拟合估计的三个参数将伪观测值序列进行单位 Fréchet 分布函数变换。如上所述，将正负伪观测值序列分别拟合单位 Fréchet 分布。

将伪观测序列转化为单位 Fréchet 分布后，可以用式（3-6）计算尾部相关系数，探寻碳市场之间是否存在尾部相关结构。表 3-4 总结了 CCU 和 EUA 的尾部相关性结果。本书分析了四个方向的尾部相关性，包括相同方向的尾部相关性，即同时出现正收益率大于阈值情况，用（CCU_p，EUA_p）表示；同时出现负收益率大于阈值的情况，用（CCU_n，EUA_n）表示；相反方向的尾部相关性，即一个时间序列出现正收益率大于阈值另一时间序列出现负收益率大于阈值的情况，用（CCU_p，EUA_n）表示；一个时间序列出现负收益率大于阈值同时另一时间序列出现正收益率大于阈值的情况，用（CCU_n，EUA_p）表示。

表 3-4　CCU 与 EUA 尾部相关性结果

	（CCU_n，EUA_n）	（CCU_n，EUA_p）	（CCU_p，EUA_p）	（CCU_p，EUA_n）
当期	0.1591* (0.0004)	0.0458 (0.2556)	0.1999* (0.0000)	0.0094 (0.8542)
滞后 1 天	0.1297* (0.0006)	0.0503 (0.1878)	0.1115* (0.0062)	0.0060 (0.9244)
滞后 2 天	0.1460* (0.0005)	0.0483 (0.1787)	0.1059* (0.0072)	0.0431 (0.1996)
滞后 5 天	0.1461* (0.0007)	0.0326 (0.2953)	0.0926* (0.0062)	0.0050 (0.9394)

注：①n 表示负收益率序列；p 表示正收益率序列。②* 表示显著性水平在 0.05 下显著，括号内为 p 值。③滞后交易日表示 CA CAT 滞后交易天数。

如表 3-4 结果所示，加州碳配额（CCU）与欧盟排放配额（EUA）存在尾部相关关系。在当前交易日，同方向的尾部相关系数显著，即加州碳市场（CA CAT）与欧盟碳交易机制 EU ETS 可能同时经历暴跌或者暴涨的情况。以当前交易日测算结果为例，（CCU_n，EUA_n）的尾部相关系数为 0.1591，即当 CCU 的负收益率达到阈值，EUA 收益率下跌到阈值的概率为 15.91%，这意味着 1000 个交易日有 15.91 个交易日出现这样的极端情况，一年大概出现五天。（CCU_p，EUA_p）的尾部相关系数为 0.1999，表明两个市场同时出现暴涨的概率是 19.99%，即 1000 个交易日中有 19.99 天出现的概率。与此同时，对滞后 1 天、滞后 2 天、滞后 5 天的交易数据进行了尾部相关系数计算，结果发现，两市场的尾部相关性均显示同向尾部相关显著，说明两个市场有较强的风险联动。主要原因有两个：

第一，从排放限额角度来看，两个碳市场都实施了减少总排放上限的政策。EU ETS 在第三阶段（2013~2020 年）总排放量控制将缩减配额分配总量的 1.74%[42]。与 EU ETS 相似，CA CAT 设定的排放总量设置低于之前的排放水平，在第一阶段（2012~2014 年）低于排放水平的 2%，第二阶段（2015~2017）的排放总量设置低于排放水平的 3%。两个市场都遵从逐渐从紧的配额供给制度，从减少供给的角度调动市场活跃度，从而使价格有相似的波动情况。

第二，经济体聚集特征。欧美发达国家的能源市场、金融市场联系比较紧密。美国与欧盟等发达地区其能源价格遵从市场波动，与国际原油价格具有显著的相关性；美国金融市场作为全球金融晴雨表，对全球经济有着巨大的影响。煤炭、石油、天然气等能源市场价格及金融市场价格波动是碳价格的主要决定因素。因此 CA CAT 与 EU ETS 具有较强的同向尾部相依性。

除此之外，综观尾部相关性结果，可以发现（CCU_n，EUA_n）的尾部相依性普遍高于（CCU_p，EUA_p）的尾部相依性，说明市场下跌的情况，更容易出现溢出效应。这些发现对于碳市场的投资者及控排企业至关重要。CCU 和 EUA 存在着相同方向的尾部相关性，因此并不适宜作为一个投资组合来规避市场风险。

二、EU ETS 与中国碳市场的尾部相关性

为了探究发达国家和发展中国家的碳市场之间是否存在极端相关性，选取了 EU ETS 和中国五个碳市场作为研究对象，实证步骤同上。表 3-5 报告了实证结果，EU ETS 与中国的五个碳市场均存在显著的尾部相关性，但其相关性方向及程度并不同。从表 3-5 可以看出，EU ETS 与北京、深圳碳市场在（n×n）、（p×p）和（p×n）方向上存在尾部相关关系。EU ETS 与广东碳市场在

（n×n）和（p×n）方向上存在尾部相关关系，意味着只要 EUA 价格发生极端变化时，无论波动的方向如何，广东碳价格会出现极端下跌。EU ETS 与湖北碳市场在（n×n）、（n×p）和（p×p）方向上存在尾部相关性。而 EU ETS 与上海碳市场在四个方向上都存在尾部相关性。

表 3-5　EU ETS 与中国碳市场的尾部相关性计算结果

组合	n×n	n×p	p×p	p×n
（EUA，BJEA）	0.1789*	0.0525	0.2062*	0.2014*
	(0.0147)	0.4941	(0.0002)	(0.0182)
（EUA，GDEA）	0.4193*	0.1109	0.1491	0.2020*
	(0.0000)	(0.0896)	(0.0558)	(0.0094)
（EUA，HBEA）	0.2265*	0.1827*	0.1516*	0.0692
	(0.0000)	(0.0007)	(0.0203)	(0.1907)
（EUA，SHEA）	0.2165*	0.3157*	0.2913*	0.3990*
	(0.0158)	(0.0011)	(0.0000)	(0.0018)
（EUA，SZEA）	0.1816*	0.0261	0.2915*	0.2393*
	(0.0002)	(0.6603)	(0.0000)	(0.0000)

注：＊表示在 0.05 的显著性水平下显著。

EU ETS 与中国五个碳市场之间均存在一定的尾部相关性，说明 EU ETS 在中国碳市场起到一定的作用。这主要是由于 EU ETS 是目前世界上最有影响力、最有效的碳交易市场，中国碳交易规则很大程度上以 EU ETS 为参考依据设置。中国碳市场与 EU ETS 在市场机制设计、运行方式方面类似。从需求上来看，碳交易市场之间有相似的控排行业，主要涉及电力和热力发电、炼油厂、钢铁和其他一些能源密集型行业，如表 3-6 所示。

表 3-6　EU ETS 与中国碳市场控排行业

	EU ETS	中国碳交易试点				
		北京	广东	湖北	上海	深圳
控排行业	采购产品电力，石化，钢铁，建筑材料，造纸，航空业	工业部门及服务业部门	电力，钢铁，水泥，石油化工，航空，造纸和水泥	电力，钢铁，有色金属，水泥，建筑材料和造纸业	工业部门及建筑业	电力，供水，制造，建筑

资料来源：各地区碳交易市场网站。

EU ETS 与中国五个碳市场的尾部相关关系方向较为混杂，主要是由三个原因造成的。首先，与发达国家不同，中国的碳市场在很大程度上受到政府的控制。国家发展和改革委员会（NDRC）制定了碳交易原则，并设定了控排企业。由于最重要的控排行业是电力行业，其中大多数为国家控股企业。这就造成了中国碳交易具有不完全市场化的特征。政府的过多参与降低了碳资产的金融属性[119]。在完全竞争市场下，碳价格由供求关系产生的，非市场因素会引起价格扭曲。其次，中国的能源价格不由市场机制决定。能源价格是影响碳价格的重要因素之一，但中国能源价格不是完全由市场驱动所决定的。例如，中国电力市场价格受国家发改委的控制，不定期调整电价。中国石油价格只有在国际石油价格变动达到一定水平并持续一定时间后才会有所调整。最后，中国的碳市场还不成熟，还处于试验阶段。中国只有碳交易的现货市场。实际上，期货和期权是活跃市场交易、促进市场流动性的重要金融工具。总之，中国排放交易制度不完善是中国碳市场与 EU ETS 的尾部关系不规律的主要原因。

三、中国碳市场间的尾部相关性

本节计算了中国碳市场间的尾部相关性情况。实证结果如表 3-7 所示，我国碳市场间存在尾部依赖性。共有 7 对组合存在显著的尾部依赖性，其中，（SZEA，HBEA）和（HBEA，GDEA）存在反方向尾部依赖性。（$SZEA_n$，$HBEA_p$）和（$SZEA_p$，$HBEA_n$）的尾部相关系数分别为 0.31066 和 0.37681，这意味着当 SZEA 暴跌时，HBEA 暴涨的条件概率为 31.066%；当 SZEA 暴涨时，HBEA 暴跌的条件概率为 37.681%。（HBEA，BJEA）和（HBEA，SHEA）具有相同方向的尾部依赖性，意味着北京碳市场和上海碳市场的涨跌走势与湖北碳市场的涨跌走势基本一致。（$SZEA_n$，$BJEA_p$）和（$SZEA_p$，$BJEA_p$）具有显著的尾部依赖性，说明深圳碳市场出现极端情况时，北京碳市场的价格均会上涨。从上海碳市场与广东碳市场之间的尾部相关性结果来看，（$SHEA_n$，$GDEA_n$）和（$SHEA_p$，$GDEA_n$）的尾部相依性显著，说明上海碳市场只要出现极值情况，广东碳价格就会受到影响。（$SZEA_p$，$GDEA_p$）和（$BJEA_p$，$GDEA_p$）的组合显著，说明深圳碳市场与北京碳市场价格上涨的情况下，广东碳价格有上涨的概率。除此之外，广东碳市场与上海碳市场在（n×n）、（n×p）和（p×n）三个方向均有尾部依赖性概率。

表 3-7　中国碳市场间尾部相关性计算结果

组合	n×n	n×p	p×p	p×n
(SZEA，HBEA)	0.1049 (0.0689)	0.3107* (0.0000)	0.0247 (0.7894)	0.3768* (0.0000)
(SZEA，BJEA)	0.0384 (0.5212)	0.1325* (0.0349)	0.2550* (0.0062)	0.0555 (0.4777)
(SZEA，SHEA)	0.1034 (0.1946)	0.0392 (0.5535)	0.3687* (0.0001)	0.1829* (0.0035)
(SZEA，GDEA)	0.0951 (0.1501)	0.0804 (0.3005)	0.1383* (0.0427)	0.2127 (0.0838)
(HBEA，BJEA)	0.1885* (0.0453)	0.1325 (0.0610)	0.3156* (0.0004)	0.0510 (0.6111)
(HBEA，SHEA)	0.1329* (0.0163)	0.1046 (0.3408)	0.5355* (0.0000)	0.1867 (0.1816)
(HBEA，GDEA)	0.1177 (0.0793)	0.1976* (0.0109)	0.0587 (0.3713)	0.2826* (0.0006)
(BJEA，SHEA)	0.5225* (0.0002)	0.5892* (0.0006)	0.0421 (0.5453)	0.7334* (0.0001)
(BJEA，GDEA)	0.1309 (0.3303)	0.1120 (0.0696)	0.1931* (0.0094)	0.1138 (0.0864)
(SHEA，GDEA)	0.2730* (0.0271)	0.1006 (0.2451)	0.1396 (0.2623)	0.4963* (0.0000)

注：*表示在 0.05 的显著性水平下显著。

从表 3-7 可以看出，中国碳市场间存在的尾部相关关系非常混乱。主要是由于中国还没有形成规范的碳市场价格运行机制，具体地：

首先，政府在很大程度上影响着中国的各个碳市场。一方面，中国碳市场的设计和开发是由发改委主导的。由于目前仍处于试点阶段，碳市场市场化尚未完全实施，中国的碳市场对政策呈现高敏感度。另一方面，中国碳市场不仅受到国家发改委管制，还受到地方政府监管，各个地区对于碳交易的支撑政策不一致。这就导致各个碳市场的价格调控与管理不一致，影响价格正常波动。

其次，碳价格并没有体现碳价值。控排企业购买配额的成本在其生产总生产成本中比例很小，企业对于碳交易的愿望并不强烈，控排企业对于从碳交易市场获利持观望态度。因此，控排企业更偏向于将剩余的碳配额保留，以待之后生产过程中使用，而不是将剩余配额投放到二级市场。

再次，中国碳市场的参与者缺乏交易意愿。从市场构成者来看，中国碳市场参与者以电力企业、钢铁企业等大型国有能源密集型企业为主，国有企业参与碳市场交易往往是为了完成政府命令，而不是自身具有交易的意愿。

最后，市场交易不规律，交易集中在履约期附近。碳排放交易活跃度不够，市场交易不频繁，市场参与者很难预测碳价格并进行资产组合管理[120]。许多投资者对碳市场依旧持保守态度。中国碳市场不准许跨期交易，企业生产过程中剩余配额不能在下一履约期使用，因此会出现在临近履约期集中买卖配额的现象。

本章小结

本章采用极值理论计算了多个市场之间的尾部相关系数。通过研究多个碳市场之间的尾部相依结构，分析了碳市场间的极端风险溢出情况。实证结果表明：发达国家的碳市场之间存在同方向的尾部相关结构，这主要是由于其发展阶段相似，碳市场价格机制较为完善，另外发达国家的碳市场之间存在非对称的尾部相关性，主要体现在不同滞后期样本下，价格同时下跌的下尾相关的概率均高于价格同时上涨的上尾相关的概率。同时，CA CAT 和 EU ETS 的尾部相依性结果表明，两者具有同跌同涨的概率，因此，采用 CCU 和 EUA 作为资产组合是不明智的。

在发达国家与发展中国家的碳市场尾部相关性研究中，发现 EU ETS 与中国碳市场存在不同方向的尾部相关性，一方面，说明 EU ETS 在碳市场运营中存在一定的示范作用；另一方面，说明中国碳市场价格机制不够完善。同时，中国碳市场之间的尾部相关性方向也非常混杂又一次验证了这一结论。中国碳市场的发展还处于实验阶段，碳市场还不够成熟，价格机制不够完善[121]，存在很多问题，例如，缺乏合理的配额分配方式、缺乏温室气体排放源的公开数据，导致碳价格不能真正体现二氧化碳价值，不能体现减排成本[122]；政府监管过度，大多数的控排企业对碳市场机制和碳资产管理具有基本认知，但实行碳交易的意愿薄弱；碳金融衍生产品创新不足，目前只存在现货交易，缺乏期货、期权交易。金融属性的不完善造成了碳价格的不稳定，影响了市场的流动性。这些发现为风险管理的投资者和决策者提供了一些有价值的参考依据。

第四章
基于深度学习方法的碳价格预测

第一节　引言

　　随着碳市场的发展，碳资产作为一种有效的金融产品，其价格的预测对于投资者投资、政策制定者管理碳市场具有重要意义。因此，碳价格预测已成为一个热门的研究话题[123-127]。目前研究价格预测问题主要运用传统的时间序列预测方法 GARCH、VAR、ARIMA 方法[128-129]，但这类方法需要复杂的特征工程处理，无法挖掘数据之间潜在的复杂关系，影响预测精度。继而，有学者运用传统机器学习方法如支持向量机（Support Vector Machine，SVM）[130] 以及决策树模型如随机森林（Random Forest，RF）[131-132]、XGBoost[133] 等进行预测，但它们只能挖掘给定数据的浅层特征，更适用于解决线性模型。碳价格形成与运行是一个复杂的过程，其不仅受到金融市场影响，还受到能源市场、天气、政策事件等因素的影响。因此，使用传统模型进行预测很难精准地判断碳价格的走势。

　　深度学习技术以高等数学中的线性代数、数理统计以及优化方法为基础，适用于自然语言处理、图像识别以及时间序列预测等多个领域。深度学习已经成为当今工业界和学界的研究热点[134]。深度学习建立在多层感知神经网络与非线性组合转化的基础上，其在获得底层特征信息的前提下，进行复杂抽象的特征融合，从而在输出端呈现输入端的非线性高级组合信息[135]。

　　深度学习中的递归神经网络（Recurrent Neural Network，RNN）具有长期记忆的特点，能够深层次挖掘时间序列的潜在关系，从而预测未来的数据，这一特征提高了预测高自相关性的时间序列数据的准确性。常见的 RNN 方法包括长短期记忆（Long Short-Term Memory，LSTM）[136]、门控循环单元（Gated Recurrent Unit，GRU）、Sequence to Sequence[137] 等。本书提出了一种改进的 RNN 深度学习方法，将时域卷积架构引入到 Sequence to Sequence 模型中，通过一维卷积架构使时序因果关系反映在设计的模型中，以此来替代传统的 RNN 模型，并将此方法运用到碳价格趋势预测上，研究碳价格走势问题。本章内容的基本架构如图 4-1 所示。

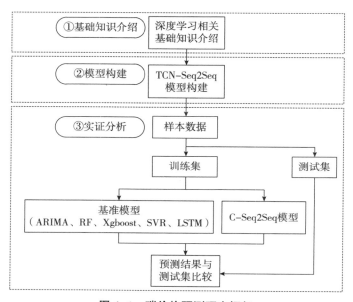

图 4-1 碳价格预测研究框架

第一，介绍了适用于时间序列预测的常用的深度学习模型，其中包括递归神经网络、长短时效应神经网络、Sequence to Sequence 模型。

第二，将时域卷积网络（Tempral Convolutional Network，TCN）引入到 Sequence to Sequence 模型中，构建一种新的深度学习模型（Tempral Convolutional Network Sequence to Sequence，TCN-Seq2Seq）。该模型避免了传统模型需要复杂数据特征处理的过程，简化了计算过程，并能够深度挖掘数据的信息，更适用于小样本预测。

第三，以 EUA 期货价格为例，选取碳价格的影响因素指标，并将数据集分为训练集与测试集，引入基准模型（包括 ARIMA、RF、XGBoost、SVR 与 LSTM），分别运用基准模型与 TCN-Seq2Seq 模型对训练集数据进行训练，进而预测碳价格。将预测值与测试集的实际值进行比较，以此来检验模型的精准性。

第二节　相关基础知识

一、递归神经网络

由于深度学习方法对所研究目标的模型不需要进行任何的假设，并且能够挖掘出复杂数据间的非线性关系，因此，其被应用于各种时间序列预测的问题上。但传统的深度学习模型——前馈型多层感知机一般不具备任何记忆功能，无法运用历史数据，其在解决时间序列的问题上仍然存在缺陷。之后，研究学者设计出一种能记忆历史数据的神经网络模型——递归神经网络（RNN）。递归神经网络的基本思想是利用数据之间的前后顺序信息来处理问题，通过增加具有"记忆"功能的处理单元，捕获先前时间序列中所出现的信息。

原始的 RNN 模型将数据在自身网络中循环重复传递，使其可以接受广泛的时间序列输入。当输入时间序列为 $x = (x_1, x_2, \cdots, x_n)$ 时，标准形式的 RNN 通过式（4-1）来计算序列输出 $y = (y_1, y_2, \cdots, y_n)$

$$\begin{cases} h_i = \tanh(W_{hx}x_i + W_{hh}h_{i-1} + b_h) \\ y_i = W_{oh}h_i + b_a \end{cases} \qquad (4-1)$$

其中，W_{hx} 表示位于隐藏层和输入层之间的权重矩阵，W_{hh} 表示隐藏层内部之间的权重矩阵，W_{oh} 表示由中间隐藏层至输出层的权重系数，b_h 与 b_a 表示系数偏值，h_{i-1} 意味着从初始时刻到 $i-1$ 时刻为止的历史数据信息，x_i 表示在第 i 个时间点上位于输入层上的序列值，其与 h_{i-1} 进行加权融合，从而产生当前的隐藏层数据值 h_i，再根据 h_i 信息预测 y_i，标准的 RNN 模型如图 4-2 所示。

如图 4-2 所示的标准 RNN 结构，RNN 结构设计中包含的隐藏单元在作为当前时刻输出层的输入同时，还成为下一步时间中的隐藏层输入，因此，整个网络中能够保证历史数据的流通。但基本 RNN 结构存在以下弊端，其在进行权重参数优化时采用的是反向传播方法，这与递归网络中的时间输出方向相反。这就会造成当网络层数增加时，容易出现梯度爆炸或梯度消失的情况。梯度爆炸是指在深度学习训练过程中，误差权重不断积累，导致网络权重参数越来越大，最后引起整个网络震荡。梯度消失是指网络权重参数优化过程中的变化梯度的大小很快下降到趋于零，致使权重寻优失去更新方向。这就导致传统 RNN 无法处理具有长期依赖关系的数据。

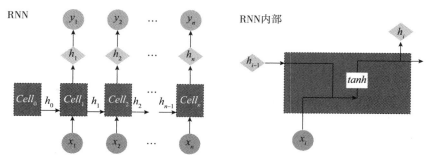

图 4-2　标准 RNN 结构

二、长短时效应神经网络

为了使类似 RNN 架构形式的神经网络能够拥有处理时间序列的长期依赖关系，有效解决梯度消失与梯度爆炸问题，研究学者对其内部时序信息传递架构进行了调整和重建，设计出长短时效记忆网络（LSTM）架构。长短时神经网络的核心在于通过引入可控门机制，产生一个路径，使梯度可以可持续地流动，这就使 RNN 架构的深度学习模型可以在真正意义上具备处理时间序列相关任务的能力，在更长的时期内跟踪序列信息。LSTM 模型见式（4-2）。

$$
\begin{cases}
f_i = \sigma(W_f \times [h_{i-1}, x_i] + b_f) \\
I_i = \sigma(W_I \times [h_{i-1}, x_i] + b_I) \\
\tilde{C}_i = \tanh(W_C \times [h_{i-1}, x_i] + b_C) \\
C_i = f_i \times C_{i-1} + I_i \times \tilde{C}_i \\
o_i = \sigma(W_o \times [h_{i-1}, x_i] + b_o) \\
h_i = o_i \times \tanh(C_i) \\
y_i = W_{yh} h_i + b_a
\end{cases} \tag{4-2}
$$

其中，I_i 表示输入门，f_i 表示遗忘门，o_i 表示输出门，C_i 表示单元激活向量。LSTM 的架构如图 4-3 所示。

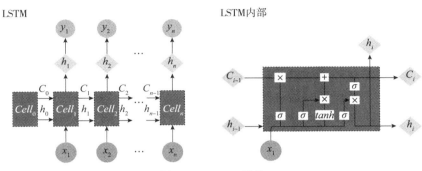

图 4-3　LSTM 结构

三、Sequence to Sequence 模型

由图 4-2 和图 4-3 可知，经典的 RNN 结构的输入和输出序列必须是等长，这就导致它的应用场景比较有限。而作为 RNN 中最重要的一种变体——Sequence to Sequence 模型，其结构不限制输入和输出的序列长度，使用方式灵活多变，因此，在实际问题中应用较为广泛。

Sequence to Sequence 架构模型利用编码器和解码器将输入序列转换成输出序列。编码器端的功能是将输入序列进行特征提取编码，并在中间状态向量中输出。解码器端接收中间状态向量的输入，以其作为自身的初始状态，并将解码过程中得到当前输出值作为下一拍的输入值，其具体结构如图 4-4 所示。

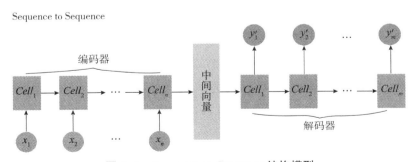

图 4-4　Sequence to Sequence 结构模型

在 Sequence to Sequence 模型中，编码器与解码器形式分别采用两组 RNN 形式的神经网络架构。编码器部分负责将输入序列 $x = (x_1, x_2, \cdots, x_n)$ 压缩成指定长度的向量 v，这个向量 v 就可以看成是输入时间序列的中间状态信息。而解码器以向量 v 作为自身 RNN 中的隐藏层起始状态计算得到生成序列 $y' = (y'_1, y'_2, \cdots, y'_m)$。在训练阶段，已知的实际序列 $y = (y_1, y_2, \cdots, y_m)$ 将作为监督学习的目标信号。

实际应用中的 Sequence to Sequence 模型中的编码器和解码器通常采用 LSTM 或者 GRU，两者均是利用内置 RNN 单元来自适应于捕捉不同时间尺度上的序列依赖特性。而在此种 RNN 结构中，长时间的信息必须在到达当前处理单元之前顺序穿过所有单元。由于网络结构一次只能读取、解析输入时间序列中的一个单元，深度神经网络必须等前一个单元处理完后，才能进行下一个输入单元的处理。极其密集的计算过程，RNN 模型必须在整个任务运行完成之前保存所有的中间结果。这意味着其不能像卷积神经网络（Convolutional Neural Network，CNN）那样进行大规模快速并行处理。

因此，本书将卷积架构引入至 Sequence to Sequence 序列模型中，主要是运用 TCN 来构建 Sequence to Sequence 模型中的编码器和解码器。TCN 是从一般的卷积运算中延伸而得出的一种在时间轴上的卷积架构，它类似于 RNN 将固定长度的时间序列映射到等长的序列上，且利用空洞卷积来构建序列的长期依赖关系，架构中的卷积运算存在时序因果关系，意味着在并行计算数据时不会出现从未来到过去的信息泄露。

第三节　模型的构建

一、时间序列预测问题描述

输入时间序列为 $X = (x^1, x^2, \cdots, x^{N_g})^T = (x_1, x_2, \cdots, x_t) \in R^{N_g \times t}$，$n$ 表示时间输入时间序列长度，$x^k = (x_1^k, x_2^k, \cdots, x_t^k)^T \in R^T$ 表示第 k 个状态的时间序列长度，$x_i = (x_i^1, x_i^2, \cdots, x_i^{N_g})^T \in R^{N_g}$ 则表示在时间点 i 上的序列输入。

给定当期与前期的取值 $(y_1, y_2, \cdots, y_t) \in R^n$，其中，$y_i \in R$。输入序列设定为 $(x_1, x_2, \cdots, x_t)$；$x_i \in R^{N_g}$。$(\hat{y}_{t+1}, \hat{y}_{t+2}, \cdots, \hat{y}_{t+m}) = F((y_1, y_2, \cdots, y_t), (x_1, x_2, \cdots, x_t))$ 为在下 m 个时间点上预测的序列值，$F(\cdot)$ 为本书需要通过已有数据来进行学习的模型预测函数。学习的目标设定为最小化实际值 $(y_{t+1}, y_{t+2}, \cdots, y_{t+m}) \in R^m$ 与预测值 $(\hat{y}_{t+1}, \hat{y}_{t+2}, \cdots, \hat{y}_{t+m})$ 的误差值。

二、TCN-Seq2Seq 模型构建

TCN 结合了一维全卷积、因果卷积以及空洞卷积三个要素。一方面，一维全卷积与因果卷积两种结构来实现类似的 RNN 功能。一维全卷积通过在每个隐藏层使用补零（Padding）保证输出层与输入层等长，以此实现密集型的序列的预测。因果卷积通过运用 Padding 确保模型只使用过去时刻的信息，在预测过程中不会用到未来的信息，即时间 t 的输出只会根据 $t-1$ 及之前时间步上的卷积运算得出[138]。TCN 巧妙地组合一维全卷积和因果卷积确保其适合序列数据的模型。另一方面，扩宽感受野是实现时间序列长期记忆的必要条件。加大层级数或卷积核可以用来扩宽感受野，但这种方法会加大计算量，因此，空洞卷积被作为改进方法来增加多个量级的感受野。空洞卷积在保持输入不变的基础上，向卷积核添加一些值为零的权重，在计算量不变的情况下增加网络观测的时间序列长度。图 4-5 直观地解释了 TCN 架构，其中，一维卷积的卷积核大小为 3，第一层使用的空洞系数为 1，即常规的卷积运算。而后面层级的空洞大小依次加大。一般在使用空洞卷积时，随着网络深度的增加，空洞系数呈指数级形式增发。这种方式确保了卷积核在有效地覆盖了所有的输入。

由于 TCN 的感受野取决于网络层数深度、卷积核大小和空洞卷积中的空洞系数，因此，保证深层次的 TCN 稳定性是极为重要的。本书采用残差模块（Residual Block）来构建时域卷积模块，如图 4-6 所示。TCN 内部残差模块运用时域卷积层、ReLU 非线性激活函数对输入数据进行处理，并采用权重正则化、随机失活（Dropout）的方法防止过拟合现象的发生。将数据处理后与残差模块结合再输出数据。

总之，TCN 结合了一维全卷积、因果卷积和空洞架构来搭建标准卷积层，而每两个这样的卷积层再加上恒等映射可以封装为一个残差模块。这样，再由

一个个残差模块堆叠起最终的深度网络结构。

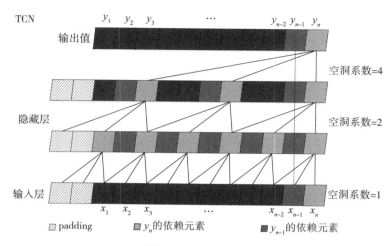

图 4-5　TCN 架构

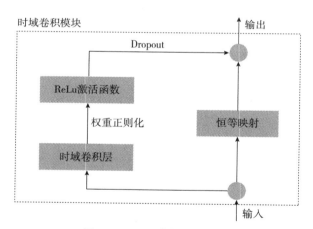

图 4-6　TCN 内部残差模块

在 TCN 架构基础上，本书所设计的 TCN-Seq2Seq 模型架构如图 4-7 所示。将 TCN 分别引入到 Sequence to Sequence 模型中的编码器和解码器中。在编码器中，TCN 利用时域卷积运算提取输入数据的信息，并保存到中间向量中。在解码器中，TCN 在提取实际输出序列信息的同时，结合中间状态向量，输出模型的预测值。

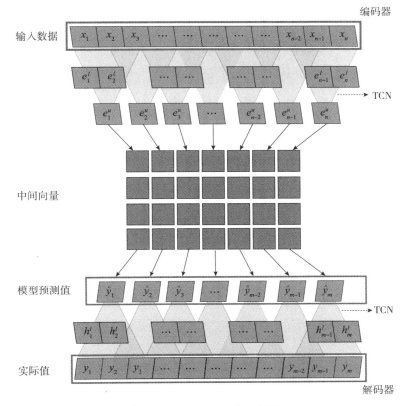

图 4-7 TCN-Seq2Seq 模型

第四节 数据选取与基准模型对比

一、数据描述

本书选取 EUA 连续期货收盘价（欧元/吨）作为因变量。首先，以期货价格作为研究对象的原因是相比于现货交易，期货合约交易具有更高频率，交易数量更高；其次，期货交易市场与现货交易市场相比更不容易受到结构性断裂的影响[139]。EUA 期货价格走势如图 4-8 所示，可以看到，在 2006 年出现碳价格暴跌，市场疲软。一方面是因为碳市场在该年出现核证减排数量提前泄露的事件，即爱沙利亚、比利时、捷克、法国、瑞典等国工厂和发电站的核证数据提前发布；另一方面是因为第一阶段 EU ETS 还没有采用跨期存储机制，即第一阶段的剩余配额不能跨期使用，这就导致在第一阶段期末期间，EU ETS 配额过剩，碳市场供过于求，价格大幅度下跌，碳价格直到 2008 年 EU ETS 进入第二阶段才有所恢复。在 2008 年下半年碳价格暴跌的原因是受到全球经济金融危机的影响，欧洲经济衰减，工业生产水平下降，碳配额供给过多，需求减少，碳配额出现供过于求，碳价格下跌。

图 4-8　EUA 期货走势

具体地，本书选取自 2005 年 4 月 22 日~2017 年 12 月 29 日的 EUA 连续期货日频数据作为研究对象，共 3258 个样本，涵盖了 EU ETS 的三个阶段。样本数据被分为两个子集：训练集和测试集。其中，2005 年 4 月 22 日至 2013 年 2 月 13 日，共 2000 样本数据作为训练集（占整个样本数量的近 60%），剩余的 2013 年 2 月 14 日至 2017 年 12 月 29 日的 1258 个样本数据作为测试集（占整个样本数量的近 40%）。

根据碳价格影响因素的研究，本书选取了经济金融指标、能源指标作为解释变量，未考虑天气、事件等间接影响因素。具体地，选用道琼斯欧洲斯托克50 指数（Dow Jones Euro Stoxx 50）来表示经济和金融市场，用以衡量经济、金融的影响。选取原油价格、天然气价格、煤炭价格三个变量衡量能源价格。其中，原油价格选用布伦特原油期货价格（美元/桶），这是国际主要轻质原油之一，是国际原油价格的基准；天然气价格选取 Henry Hub 的天然气期货价格（美元/兆瓦时）；煤炭价格选取澳大利亚 BJ 动力煤现货价格（2005 年 4 月 22 日至 2016 年 3 月 31 日）及澳大利亚纽卡斯尔动力煤现货价格（2016 年 4 月 1 日至 2017 年 12 月 29 日）。由于石油价格与天然气价格均以美元报价，为确保所有能源价格均以相同货币表示，选取欧洲中央银行的 EUR/USD 汇率对石油、天然气、煤炭价格转化为欧元单位。资料均来源于 Wind 数据库，各指标统计性描述如表 4-1 所示。

表 4-1　统计性描述

	碳价格（欧元/吨）	金融指数	天然气（欧元/兆瓦时）	石油（欧元/桶）	煤炭（欧元/吨）
最大值	30.4500	3998.9300	12.9057	96.6685	122.0050
最小值	0.0100	1614.7500	1.2831	25.5616	32.1801
均值	10.5234	2978.5326	3.6720	60.7439	62.8051
标准差	6.9251	511.4916	1.8215	16.6956	18.2187

二、基准模型

为了验证所提出的机器学习模型的有效性，本书选取了五种基准模型进行比较，包括一种传统时间序列预测模型和四种机器学习模型，具体来说，即差分自回归移动平均模型（Auto Regressive Integrate Moving Average Model，ARIMA）、随机森林（Random Forest，RF）模型、XGBoost 模型、SVM 模型、LSTM 模型。

1. ARIMA 模型

ARIMA 是一种常见的传统时间序列预测方法，广泛应用于金融产品价格预测。ARIMA 模型预测时间序列，认为其与过去时间的序列值、外界干扰量呈线性关系。ARMA（p，q）模型中包含自回归项 AR（p）和移动平均项 MA（q），其数学表达式如下：

$$y_t = \partial_1 y_{t-1} + \partial_2 y_{t-2} + \cdots + \partial_p y_{t-p} + \mu_t + \theta_1 \mu_{t-1} + \theta_2 \mu_{t-2} + \cdots + \theta_q \mu_{t-q} \tag{4-3}$$

此模型要求数据平稳，如果不平稳，则需要进行差分处理，即 ARIMA（p，d，q），p 表示自回归阶数，q 表示移动平均阶数，d 表示数据为平稳时所做的差分次数。

2. 随机森林模型

随机森林由 Breiman（2001）提出[140]，是在 Bagging 方法上的一种改进深化。其在决策树的分裂优化过程中将分裂点的特征进行了随机选取，其算法流程如图 4-9 所示。在随机森林中，随机产生训练样本子集，并再随机选取 k 个特征属性，找出最优的特征进行分裂点的划分，从而产生叶子节点。如图 4-9 所示，生成 n 个决策子树，得到 n 个预测结果，再运用取平均数的方法得到综合的预测结果。

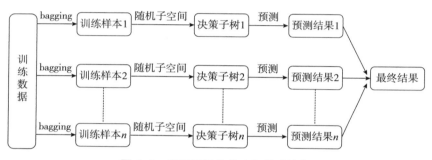

图 4-9　随机森林的构建和算法流程

3. XGBoost 模型

XGBoost 模型是 Boosting 算法的其中一种。Boosting 算法的思想是将许多弱分类器集成在一起形成一个强分类器。因为 XGBoost 是一种提升树模型，所以它是将许多树模型集成在一起，形成一个很强的分类器。XGBoost[141] 提供了比 RF 更高的效率、准确性和可伸缩性。它支持拟合各种目标函数，包括回归、分类和排序。XGBoost 具有更高的灵活性，因为优化是在一组扩展的超参数上执行的[142-143]。

XGBoost 目标函数定义为：

$$Obj = \sum_{i=1}^{n} l(y_i, \hat{y}_i) + \sum_{k=1}^{k} \Omega(f_k) \tag{4-4}$$

由式（4-4）可得，目标函数由两部分构成，一部分用来衡量预测值和真实值的差距，另一部分则是正则化项。如上文所说，XGBoost 是基于 Boosting 思想的集成（Ensemble）机器学习方法，新生成的预测器是要拟合上次预测的残差的，即当生成第 t 个预测器后，预测值可以写成式（4-5）：

$$\hat{y}_i^{(t)} = \hat{y}_i^{(t-1)} + f_t(x_i) \tag{4-5}$$

目标函数可以相应改写为式（4-6）：

$$Obj^{(t)} = \sum_{i=1}^{n} l((y_i, \hat{y}_i^{(t-1)}) + f_t(x_i)) + \Omega(f_t) \tag{4-6}$$

在这之后，XGBoost 算法会依据二阶泰勒展开和贪心策略去寻找 f_t，使得目标函数最小化。

4. SVM 模型

支持向量机（Support Vector Machine，SVM）在 1995 年由 Vapnik 提出的一种机器学习方法，并广泛应用于时间序列[144]。SVR 是一种基于训练数据集生成输入—输出映射函数的监督学习技术。SVM 主要处理分类问题，SVR（Support Vector Regression）可以处理一般的预测问题。

$$f(x_i) = w^T \varphi(x_i) + b \tag{4-7}$$

在式（4-7）中，$f(x_i)$ 为第 i 个样本的预测结果，$\varphi(x_i)$ 表示输入数据的核转换方程参数 w 和 b 分别为最小化式（4-8）问题的参数：

$$\min \frac{1}{2} w^T w + C \sum_{i=1}^{l} (\eta_i + \eta_i^*)$$

$$s.t. \begin{cases} w^T \varphi(x_i) + b - y_i \leq \phi + \eta_i^* & (i=1, 2, \cdots, l) \\ y_i - (w^T \varphi(x_i) + b) \leq \phi + \eta_i & (i=1, 2, \cdots, l) \\ \eta_i^*, \eta_i \geq 0 & (i=1, 2, \cdots, l) \end{cases} \tag{4-8}$$

在式（4-8）中，η_i、(η_i^*) 为松弛变量，训练点与 η 管道的上层（或下层）边界之间的垂直距离。

5. 长短时记忆网络模型

长短时记忆网络（LSTM）模型作为一种典型高效的递归神经网络结构，能较好地处理长期依赖时间序列数据，目前已经成为一种非常流行的时间序列预测模型。本书将其作为基本的深度学习预测模型，与所设计的 TCN-Seq2Seq 模型做对比。

三、评价指标

为了从不同角度评价模型的预测能力，选取三个衡量指标，包括方向精度（Directional Accuracy，DA）衡量方向预测准确性[145]，平均绝对百分误差

（Mean Absolute Percentage Error，MAPE）和均方根误差（Root Mean Square Error，RMSE）[146-149] 来衡量水平预测能力，即预测值与真实值的误差大小。

$$DA = \frac{1}{m} \sum_{t=1}^{m} a(t) \times 100\% \qquad (4-9)$$

$$MAPE = \frac{1}{m} \sum_{t=1}^{m} \left| \frac{y_t - \hat{y}_t}{y_t} \right| \qquad (4-10)$$

$$RMSE = \sqrt{\frac{1}{m} \sum_{t=1}^{m} (y_t - y_t)^2} \qquad (4-11)$$

其中，m 表示测试数据的样本数量，y_t 表示时间 t 的真实值，$\hat{y}_t$ 表示时间 t 的预测值。如果 $(y_{t+1} - y_t)(\hat{y}_{t+1} - y_t) \geqslant 0$ 则 $a(t) = 1$，否则，$a(t) = 0$。

第五节　预测结果分析

本部分分别运用 TCN-Seq2Seq 模型以及五个基准模型对 EUA 期货价格进行预测。在预测过程中各模型参数选取如下：ARIMA 模型的阶数选择根据 AIC 准则，最终确定 ARIMA（1，1，1）模型；RF 模型中建立的决策子树的数量为 50，最大特征数为 4；XGboost 的学习参数选取 0.01，决策树最大深度为 10，决策子树的数量为 50；SVR 的核函数选取高斯核函数，惩罚因子取 0.001，核系数取 0.01；LSTM 模型的学习率取 0.01，隐藏层为 5 层，dropout 参数为 0.1；TCN-Seq2Seq 模型的学习率取 0.01，编码器与解码器的隐藏层数均为 3，卷积核设置为 5，步长设置为 2，dropout 参数为 0.1。预测模型运算的硬件平台采用型号为 Nvidia-GTX 1070ti 的 GPU 进行并行加速计算；软件平台为 Ubuntu14.04LTS+Python3.5+TensorFlow1.5+Sklearn+Cuda8.1+Cudnn5.1。

各模型针对样本外预测的结果如表 4-2 所示。碳价格实际值及各模型预测结果如图 4-10、图 4-11 所示。

表 4-2　各模型预测能力指标比较

评价标准	ARIMA	RF	XGBoost	SVR	LSTM	TCN-Seq2Seq
DA	0.3936	0.5016	0.4902	0.5483	0.5368	0.9697

续表

评价标准	ARIMA	RF	XGBoost	SVR	LSTM	TCN-Seq2Seq
MAPE	0.0303	0.0396	0.0475	0.0314	0.0219	0.0027
RMSE	0.2393	0.2663	0.3318	0.2336	0.1745	0.0149

表4-2总结了不同模型的预测能力，可以得到以下结论：

首先，比较传统的时间预测方法（ARIMA）与机器学习预测方法可以发现相较于机器学习预测方法，ARIMA 的 DA 值最低为 0.3936，MAPE 值和 RMSE 值也相对较高，分别为 0.0303 和 0.2393。这可能是由于相较于机器学习的方法，ARIMA 方法基于线性回归，忽视了数据间可能存在的非线性关系[128]。除此之外，ARIMA 方法本身具有一定局限性。主要体现在以下两个方面：一是，传统时间序列模型要求时序数据是稳定的，或者通过差分化后是稳定的，且在差分运算时提取的是固定周期的信息，这往往很难符合现实数据的情况；二是，传统时间序列要求数据完整，存在缺失值的情况下需要填补缺失值，这在很大程度上减弱了数据的可靠性，影响预测结果。另外，ARIMA 模型预测结果的 MAPE 值及 RMSE 值均小于 RF、XGBoost 模型预测结果的 MAPE 值及 RMSE 值，说明并不是所有的机器学习方法的预测结果都优于传统的时间序列预测方法[128]。

其次，比较四种机器学习预测方法，可以看到 TCN-Seq2Seq 法 DA 值最高，达到 0.9697；MAPE 值与 RMSE 值分别为 0.0027 和 0.0149。这可能由于许多传统的浅层学习算法在处理各种特征数据时存在一个弱点：无法从数据中提取有区别的信息[150]。与传统的机器学习方法（RF、XGBoost 和 SVM）相比，TCN-Seq2Seq 模型可以在更深层次上探索输入特征间的关系，自动地进行特征组合，进行输入数据之间的关系挖掘，从而提高模型的预测能力。

与传统深度学习模型相比，本模型有以下三个优点：一是 Sequence to Sequence 深度学习模型不要求输入序列与输出序列等长，更有效地提取数据信息；二是 TCN 通过堆叠更多的卷积层、使用更大的空洞系数及增大卷积核来实现增大感受野，更加灵活，这些操作可以更好地控制模型的记忆长短；三是减少运算量，与 RNN 相比，TCN 中可以进行大规模并行处理，减少了权重的计算，有效降低过拟合现象的发生，更适用于小样本数据预测问题，如图4-10、图4-11所示。

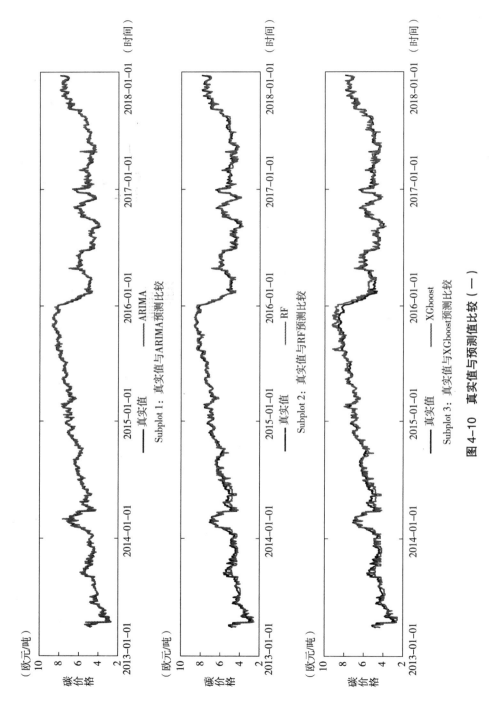

图 4-10 真实值与预测值比较（一）

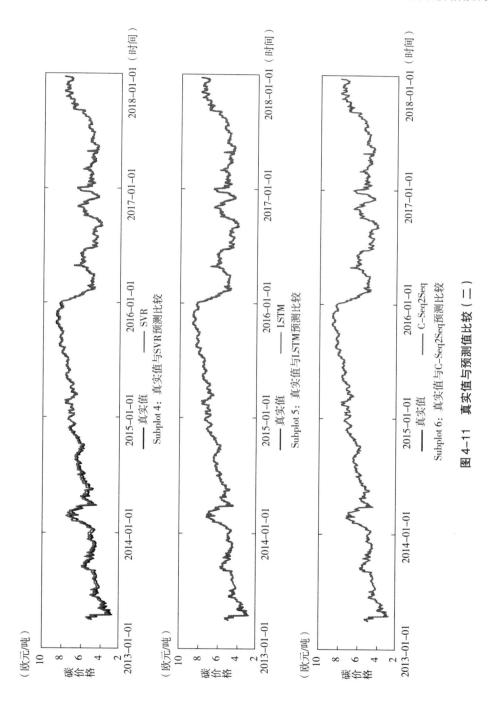

图 4-11 真实值与预测值比较（二）

本章小结

本文选取了 EUA 期货价格作为研究样本，分别运用 TCN-Seq2Seq 模型及五种预测模型对碳价格趋势进行预测，并对结果进行检验，结果说明 TCN-Seq2Seq 模型可以更精准地预测碳市场价格。

本章的创新之处在于将时域卷积结构引入至 Sequence to Sequence 模型，构建了 TCN-Seq2Seq 深度学习模型。该方法主要集合了时域卷积构架与 Sequence to Sequence 模型的三点优势：一是该模型放宽了对输入序列、输出序列的长度要求，可以运用更长的输入变量来预测输出变量，有效地提取数据信息。二是时域卷积架构涵盖了一维全卷积、因果卷积及空洞卷积，有助于改善感受野大小。三是该模型可以进行并行计算，减少了需要计算的权重，既可以有效避免过拟合现象的发生，又可以减少运算时间。相比于传统的深度学习，这种方法更适用于小样本计算，符合碳市场的数据特征。

第五章
碳市场成熟度研究

第一节　引言

　　成熟的碳市场有助于实现碳市场的功能，促使碳市场有序运行，是市场协调发展的基础。碳市场成熟度的测度对判别碳市场所属阶段、完善碳市场机制具有重要意义。现有研究主要集中在碳市场机制方面。Munnings 等（2016）[151] 通过定性的比较分析了广东、上海和深圳的碳市场设计的差异。Zhang 等（2014）[152] 总结了中国 ETS 的发展现状，为中国 ETS 试点实施提供了一些建议。Liu 等（2015）[153] 探究了中国碳市场的政策过程和发展现状。目前对欧盟 ETS 运行机制的研究主要集中在额度分配机制和定价机制方面[154]。关于中国碳市场与欧盟排放交易体系的比较分析，现有文献主要采用定性分析的方法来分析配额分配问题。例如，Xiong 等（2017）[3] 通过研究得到不同的社会发展阶段和经济环境将决定配额机制的不同。Qin 等（2017）[155] 使用一种加权和多准则决策模型（Weight-Sum Multi-Criteria Decision Model）来研究碳排放配额分配。

　　目前学术界对于碳市场成熟度的研究较少。Hu 等（2017）[156] 采用变异系数法（Coefficient of Variation，CV）来确定客观指标权重，采用逼近理想解排序法（Technique for Order Preference by Similarity to Ideal Solution，TOPSIS）测算北京碳市场试点的绩效和成熟度。Yi 等（2018）[151] 采用因子分析法（Factor Analysis，FA）和层次分析法（Analytic Hierarchy Process，AHP）对中国七个碳市场进行评价。然而，现有研究并没有提出一套全面的衡量碳市场成熟的指标体系，此外，研究碳市场成熟度的方法并不完善。例如，Hu 等

(2017)[156] 的研究只考虑了 13 个指标，没有考虑主观权重指标。Yi 等
(2018)[157] 的研究采用 FA-AHP 法，没有考虑决策者做决策过程中存在的主
观性，而这会给结果造成偏差。

为了解决上述问题，本章旨在确定衡量碳市场成熟度的一套科学的指标体
系，提出一种可行的、新颖的碳市场评价方法，并对欧盟排放交易体系和中国
碳市场的成熟度水平进行评价。首先，基于三重底线（环境、经济和社会）
确定了碳市场成熟度分析的 23 个具体指标。其次，提出了一种集主观权重和
客观权重于一体的多准则决策方法（Multi Criteria Decision Making Method,
MCMD），并引入粗糙集理论（Rough Set Theory, RST）来处理决策者的主观
性和模糊性问题。最后，以欧盟碳市场和中国碳市场为例，对碳市场成熟度进
行评价。

第二节　碳市场成熟度评价指标的构建

成熟度作为一种描述连续过程的给定阶段的分类方法，已应用于许多学科
和主题领域，例如，能力成熟度模型，定义了软件开发过程[158]；Layne 和 Lee
(2001)[159] 开发了一个测度政府电子办公情况的成熟度模型。Hillson
(1997)[160] 开发了研究风险的成熟度模型；Keogh 和 D' arcy（1993）[161] 和
Chin 等（2006）[162] 建立了商业地产市场成熟度分析框架。但是，目前成熟度
模型在金融市场和碳市场上的应用还很少。碳市场成熟度首次由 Hu 等
(2017)[156] 提出，该研究建立了 13 个客观评价标准来评价北京碳市场的成熟
度和绩效。其中，成熟度评价指标包括交易深度、覆盖范围和市场流动性；绩
效评价指标考虑了碳市场实施的社会效益、经济效益和减排效果。Yi 等
(2018)[157] 从环境、市场与金融、配套政策与基础设施、交易平台服务能力
这四个维度出发，设置了 43 个子指标对中国碳市场进行了成熟度分析。现有
文章对碳市场成熟度的研究并不够完善，对碳市场成熟度衡量的指标体系缺乏
全面性。

碳排放交易机制是为了降低温室气体排放、缓解气候变化而引入的一种市
场机制[163]。碳市场通过设定配额分配方式，允许排放主体买卖排放许可，形
成二氧化碳排放权价格。它不仅是控制碳排放的环境管理工具，也是实现温室

气体排放市场化的金融工具。碳市场运作的实质是在政府的支持下，以经济措施减缓气候变化，实现温室气体减排目标。碳市场成熟度在一定程度上体现了碳市场运作的状况。本书提出了一套衡量碳市场成熟度的指标体系，参照了环境、经济、社会三重底线[164]，考虑到对全球碳市场的适用性，表5-1给出了选定的具体指标，这些指标能够有效地、综合地评价不同地区碳市场的成熟度水平。

表5-1　碳市场成熟度指标

指标	次级指标	具体指标	简称	描述	数据来源
环境方面	配额分配（S_1）	温室气体排放种类[29]	C_{11}	涵盖的温室气体种类数目	各个碳市场规制条例
		涵盖的温室气体数目[121]	C_{12}	分配的配额数目	
		涵盖的温室气体比率[163]	C_{13}	配额数量/该地区温室气体排放数量	
		免费配额比例[165]	C_{14}	免费配额数量/所有配额数量	
		碳市场准入门槛[157,166]	C_{15}	纳入碳市场的控排企业排放量	
	惩罚措施（S_2）	惩罚程度[167]	C_{16}	对未履约的控排企业的处罚	
		包含的工业部门数量[68]	C_{21}	纳入碳市场的工业部门数量	
		规制的排污企业数量[169]	C_{22}	纳入碳市场的控排企业数量	
		机构投资者参与程度[170]	C_{23}	碳市场中机构投资者的参与程度	
经济方面	市场规模（S_3）	交易模式种类[44]	C_{24}	交易模式数目，其中交易模式包括公开交易、协议转让、挂牌交易、网络现货交易	各地区碳市场网站
		交易产品种类数量[44]	C_{25}	交易产品种类数目，其中交易产品包括现货、期货、其他衍生品等	
		配额交易数目[171]	C_{26}	年配额交易量	
		非交易天数[172]	C_{27}	平均年非交易天数	
	市场流动性（S_4）	平均碳价格[44]	C_{28}	年平均碳价格，反应碳资产价值	交易平台数据
		CER或CCER交易数量[173]	C_{29}	核证减排量（Certified Emission Reduction，CER）或中国核证减排量（Chinese Certified Emission Reduction，CCER）	
		交易集中度[174]	C_{210}	最高20%交易量/总交易量	
		换手率[88]	C_{211}	交易换手率	
		履约率[46]	C_{212}	完成履约企业数量/控排企业数量	

续表

指标	次级指标	具体指标	简称	描述	数据来源
社会方面	市场透明度（S_5）	机构信息披露[46]	C_{213}	机构信息披露程度，如年报披露频率以及披露程度	调研
	制度规制（S_6）	政府政策[166]	C_{31}	政府颁发的关于碳市场运营的文件数目	
		监管、报告及审核（MRV）[175]	C_{32}	MRV包括排放控制目标的监测和跟踪系统、排放和履约情况的报告系统以及审核报告真实性的验证系统	调研或各个碳市场网站
	金融影响（S_7）	碳金融产品数量[57]	C_{33}	金融产品数目	调研或各个碳市场网站
	社会影响（S_8）	对公司碳政策的影响[156]	C_{34}	碳市场对于企业减排责任提升的影响	调研或各个碳市场网站

第三节　模型的构建

可以把碳市场成熟度评价看作是一个多准则决策问题（Multi-Criteria Decision Making，MCDM）。MCDM是在包含了各种指标的复杂情况中寻找最优选项的方法。MCDM最关键的问题是确定所选指标的适当权重。主观权重由多种方法确定。例如，AHP方法被广泛应用于选择业务流程成熟度模型[176]。Yi等（2018）[157]提出了一种组合赋权法（FA-AHP法），将客观评价与专家的主观评价相结合。另外，网络分析法（Analytical Network Process，ANP）也是一种广泛应用的评价方法，又如，对资产维护成熟度评价[177]以及评估企业风险管理情况[178]。Rezaei（2015）[179]提出的最优最劣方法（Best Worst Method，BWM）是一种更为有效的确定主观权重的方法。相较于AHP法，BWM法减少了向量两两比较的次数，简化了计算过程；其计算的结果一致性更高，因此，BWM可靠性更高。BWM的灵活性和简便性使得这种方法在学术研究中被广泛采用。Ahmadi等（2017）[180]采用BWM法对供应链的社会可持续性进行评价。Diakoulaki等（1995）[181]提出了一种客观权重计算方法（Criteria Importance through Inter-Criteria Correlation，CRITIC），是一种有效的确定客观权重的方法，既考虑了各准则的对比强度，又考虑了准则之间的冲突，通过计算标准差表示准则的对比强度，用相关系数来衡量准则之间的冲突。此外，TOPSIS 方法由 HWANG 和 YOON 提出[182]，结合了从正理想解得到的最短几何距离与负理想解的最长几何距离。成熟度高的碳市场接近正理想解，远离负理想解。Hu 等（2017）[156] 采用 TOPSIS 方法评价碳市场绩效及成熟度。

　　然而，现有文献的研究方法并没有考虑评价过程中存在的主观性与模糊性。事实上，专家的决策过程中存在着很大程度的主观推断，同时，不准确、不充分的背景信息也会对决策产生精确的影响。模糊集理论的方法可以用来解决上述问题。例如，Monitto 等（2002）[183] 用模糊 AHP 法对自动化制造系统进行评价。Zhao 等（2013）[184] 利用模糊逻辑方法建立了企业风险管理成熟度模型。模糊 TOPSIS 也被广泛应用于解决 MCDM 的相关问题[185-187]。此外，混合模糊模型也被广泛应用，学者构建基于 ANP 和 TOPSIS 的混合模糊模型对社区电子政务准备度进行评估[188]。模糊方法可以在一定程度上解决专家判断的模糊性和主观性对结果产生的影响。然而，基于模糊的 MCDM 方法测算精度受到模糊隶属度函数的限制，在很大程度上依赖于专家的主观判断，从而影响计算结果。

　　粗糙集理论（Rough Set Theory）可以解决基于模糊逻辑的 MCDM 方法的缺陷。粗糙集理论首次由 Pawlak（1982）[189] 提出，这种方法可以利用边界区间处理模糊的、不确定的和主观的信息，避免由于主观推断引起的不准确性。在粗糙集理论中，任何模糊的概念都可以用一对基于上限与下限的区间值表示，这种方法可以在不需要先验信息的情况下识别出真实数值，可以客观地描述决策问题[190]。

　　碳市场评价指标不仅包括决策者打分的主观指标数据，还包括从官方网站、研究报告和学术研究中收集的客观指标数据。但现有文献忽略了评价碳市场成熟度过程中存在的主观性和模糊性问题。因此，本章提出一种新的组合方法来解决判断的主观性和模糊性问题。考虑到决策者的模糊性和不确定性，结合主观权重和客观权重，本书提出了粗糙 BWM-CRITIC-TOPSIS 方法对碳市场成熟度进行评价。该方法由两个阶段组成。第一阶段是利用主观赋权法和客观赋权法确定碳市场成熟度指标的综合权重。第二阶段是对碳市场成熟度进行评估。研究框架如图 5-1 所示。

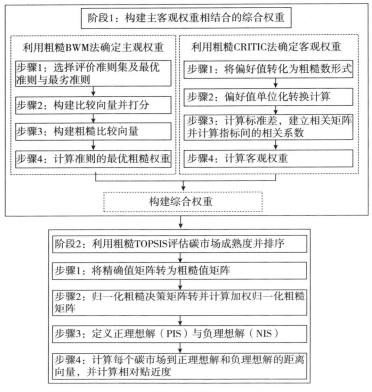

图 5-1 碳市场成熟度研究框架

一、构建主客观权重相结合的综合权重

1. 利用粗糙 BWM 法确定主观权重

步骤 1：在此步骤中，选择评价准则集（指标集）及最优准则与最劣准则，在此步骤中，邀请专家选择评价碳市场成熟度的准则集，$C = \{c_1, c_2, \cdots, c_n\}$，其中 n 表示指标的数量。在确定准则集后，专家选择出最优准则和最劣准则。

步骤 2：构建比较向量并打分。

确定最优准则相对于其他准则的偏好程度，用 1~9 分度量。建立比较向量 $A_B^k = (a_{B1}^k, a_{B2}^k, \cdots, a_{Bn}^k)$，$1 \leqslant k \leqslant s$，$1 \leqslant i \leqslant n$，其中，$s$ 表示决策专家的数目，n 表示准则的数目，a_{Bi}^k 表示专家 k 对最优准则相较于准则 i 的偏好分数。

例如，$a_{BB}^k = 1$ 表示专家 k 认为最优准则与最优准则的重要程度相同，取值为 1。A_B^1，A_B^2，$\cdots$，A_B^s 是每个专家对最优准则与其他准则相比的偏好程度。

确定最优准则相对于其他准则的偏好程度，用 $1 \sim 9$ 分度量。建立比较向量 $A_W^k = (a_{1W}^k, a_{2W}^k, \cdots, a_{nW}^k)$，$1 \leqslant k \leqslant s$，$1 \leqslant i \leqslant n$，其中，$s$ 表示决策专家的数目，n 表示准则的数目，a_{iW}^k 表示专家 k 对准则 i 对于最劣准则的偏好程度。例如，$a_{WW}^k = 1$ 表示专家 k 认为最劣准则与最劣准则的重要程度相同，取值为 1。A_W^1，A_W^2，$\cdots$，A_W^s 是每个专家对准则 i 对于最劣准则的偏好程度。

步骤 3：构建粗糙比较向量。

建立粗糙比较向量 $RN(a_{Bi})$ 和 $RN(a_{iW})$。

$$RN(a_{Bi}) = \{[\underline{a_{Bi}^1}, \overline{a_{Bi}^1}]\ [\underline{a_{Bi}^2}, \overline{a_{Bi}^2}], \cdots, [\underline{a_{Bi}^s}, \overline{a_{Bi}^s}]\}$$

$$RN(a_{iW}) = \{[\underline{a_{iW}^1}, \overline{a_{iW}^1}]\ [\underline{a_{iW}^2}, \overline{a_{iW}^2}], \cdots, [\underline{a_{iW}^s}, \overline{a_{iW}^s}]\}$$

平均粗糙序列由以下公式计算：

$$\overline{RN(a_{Bi})} = [\underline{a_{Bi}},\ \overline{a_{Bi}}] = \frac{1}{S}\sum_{k=1}^{s}[\underline{a_{Bi}^k},\ \overline{a_{Bi}^k}]，\text{ 其中，} \underline{a_{Bi}}, \overline{a_{Bi}} \text{ 是粗糙数}$$

$\overline{RN(a_{Bi})}$ 的下限和上限。$\overline{RN(a_{iW})} = [\underline{a_{iW}},\ \overline{a_{iW}}] = \frac{1}{S}\sum_{k=1}^{s}[\underline{a_{iW}^k},\ \overline{a_{iW}^k}]$，其中，

$\underline{a_{iW}}, \overline{a_{iW}}$ 是粗糙数 $\overline{RN(a_{Bi})}$ 的下限和上限。

两个粗糙向量由以下公式计算：

$$RN(A_B) = ([\underline{a_{B1}}, \overline{a_{B1}}], [\underline{a_{B2}}, \overline{a_{B2}}], \cdots, [\underline{a_{Bn}}, \overline{a_{Bn}}])$$

$$RN(A_W) = ([\underline{a_{1W}}, \overline{a_{1W}}], [\underline{a_{2W}}, \overline{a_{2W}}], \cdots, [\underline{a_{nW}}, \overline{a_{nW}}])$$

步骤 4：计算准则的最优粗糙权重。

准则的最优粗糙权重由以下公式计算：

$$RN(a_{Bi}) = \frac{RN(w_B)}{w_{si}}$$

$$RN(a_{iW}) = \frac{w_{si}}{RN(w_W)}$$

考虑非负性、权重性质以及粗糙数性质，最优权重值满足：

$$\min\max\left\{\left|\frac{RN(w_B)}{w_{si}} - RN(a_{Bi})\right|, \left|\frac{w_{si}}{RN(w_W)} - RN(a_{iw})\right|\right\}$$

$$\text{s. t.} \begin{cases} \sum_{i=1}^{n} w_{si} \leqslant 1; \\ w_B^L \leqslant w_B^U, \\ w_W^L \leqslant w_W^U \\ w_{si} \geqslant 0 \end{cases} \tag{5-1}$$

其中，w_{si} 是每一个指标的最优权重系数。上式可以转为以下模型：

$$\min \zeta$$

$$\text{s. t.} \begin{cases} \left| \dfrac{w_B^L}{w_{si}} - \bar{a}_{Bi}^U \right| \leqslant \zeta; \quad \left| \dfrac{w_B^U}{w_{si}} - \bar{a}_{Bi}^L \right| \leqslant \zeta; \\ \left| \dfrac{w_{si}}{w_W^U} - \bar{a}_{iW}^U \right| \leqslant \zeta; \quad \left| \dfrac{w_{si}}{w_W^L} - \bar{a}_{iW}^L \right| \leqslant \zeta; \\ \sum_{i=1}^{n} w_{si} = 1; \\ w_B^L \leqslant w_B^U; \\ w_W^L \leqslant w_W^U; \\ w_{si} \geqslant 0 \end{cases} \tag{5-2}$$

其中，$RN(w_B) = [w_B^L, w_B^L]$，$RN(w_W) = [w_W^L, w_W^u]$ 分别表示最优准则与最劣准则的权重。同时，$RN(\bar{a}_{Bi}) = [\bar{a}_{Bi}^L, \bar{a}_{Bi}^U]$ 和 $RN(\bar{a}_{iw}) = [\bar{a}_{iw}^L, \bar{a}_{iw}^U]$ 分别表示粗糙比较向量的平均值。

一致性比率（Consistency Ratio，CR）用来检验粗糙比较向量中准则的两两比较的一致性。表 5-2 报告了一致性指标（Consistency Index，CI）取值。

表 5-2 一致性指标（CI）取值

a_{BW}	1	2	3	4	5	6	7	8	9
CI	0.00	0.44	1.00	1.63	2.30	3.00	3.73	4.47	5.23

CR 由以下公式计算：

$$CR = \frac{\zeta^*}{CI} \tag{5-3}$$

2. 利用粗糙 CRITIC 法确定客观权重

CRITIC 法是一种有效的确定指标客观权重的方法。通过 CRITIC 方法得到的权重既考虑了每个指标的对比强度，又考虑了指标间的冲突性。指标的对比强度指同一指标在不同样本中取值的差异性大小，差异性越大说明该指标对比强度越强。对比强度揭示了指标的差异，用标准差表示。指标间的冲突性用相关系数表示。本部分利用粗糙 CRITIC 法确定客观权重，步骤如下：

步骤 1：将偏好值转化为粗糙数形式。

$C = （c_1, c_2, \cdots, c_n）$ 是所选出的指标，其中，n 表示所有指标的数目。由专家打分得到主观指标分值，1~9 分，分数越高，指标越为重要。其中，1 分表示该指标极不重要，9 分表示该指标是最重要的指标。粗糙数形式构建如下：

$RN（C）= [C^L, C^U] = （[C_1^L, C_1^U], [C_2^L, C_2^U], \cdots, [C_j^L, C_j^U], \cdots, [C_n^L, C_n^U]）$，其中，$C^L$ 和 C^U 分别表示粗糙数的下限及上限。

步骤 2：偏好值单位化转换计算。

利用以下公式将偏好值转为 [0，1] 区间。

$$x_j = \begin{cases} \dfrac{RN(c_j) - \min(RN(c_j))}{\max(RN(c_j)) - \min(RN(c_j))} = \dfrac{c_j^U - \min(c_j^L)}{\max(c_j^U) - \min(c_j^L)}, & 如果，\ j \in B \\[4mm] \dfrac{\max(RN(c_j)) - RN(c_j)}{\max(RN(c_j)) - \min(RN(c_j))} = \dfrac{\max(c_j^U) - c_j^L}{\max(c_j^U) - \min(c_j^L)}, & 如果，\ j \in N \end{cases}$$

(5-4)

其中，B 表示收益性评价指标集，N 表示非收益性评价指标集。原始偏好值转为相对值，区间在 [0，1] 之间。

步骤 3：计算每个 x_j 的标准差 σ_j，建立相关矩阵并计算每个指标间的相关系数。

在此构建 $n \times n$ 的对称矩阵，其中，r_{ij} 是矩阵元素。r_{ij} 表示向量 x_i 和 x_j（i，$j = 1, 2, \cdots, n$）的线性相关系数。第 j 个指标所代表的综合信息量可以用 F_j 表示，其包含了对比强度以及指标间冲突性，其公式如下：

$$F_i = \sigma_i \sum_{j=1}^{n}（1 - r_{ij}）$$

(5-5)

步骤 4：计算客观权重。

$$w_{oi} = \frac{F_i}{\sum_{j=1}^{n} F_j}$$

(5-6)

3. 构建综合权重矩阵

通过结合上述计算的主观权重与客观权重来计算综合权重。计算公式如下：

$$w_i = \frac{\bar{w}_{Si} \times w_{oi}}{\sum\limits_{t=1}^{n} \bar{w}_{st} \times w_{ot}} \qquad (5-7)$$

其中，w_i 是每个指标的综合权重，$\bar{w}_{Si}$ 和 w_{oi} 分别表示主观权重与客观权重。

二、构建粗糙 TOPSIS 模型

步骤 1：将精确值矩阵转为粗糙值矩阵。

由专家打分得到主观指标分值，1~9 分，分数越高，指标越为重要。其中，1 分表示该指标极不重要，9 分表示该指标是最重要的指标。将精确值转化为粗糙形式如下：

$$RN(c^k) = \left[c^{kL},\ c^{kU} \right] = \begin{bmatrix} \left[c_{11}^{kL},\ c_{11}^{kU} \right] \left[c_{12}^{kL},\ c_{12}^{kU} \right] \cdots \left[c_{1n}^{kL},\ c_{1n}^{kU} \right] \\ \left[c_{21}^{kL},\ c_{21}^{kU} \right] \left[c_{22}^{kL},\ c_{22}^{kU} \right] \cdots \left[c_{2n}^{kL},\ c_{2n}^{kU} \right] \\ \vdots \qquad \vdots \qquad \ddots \qquad \vdots \\ \left[c_{m1}^{kL},\ c_{m1}^{kU} \right] \left[c_{m2}^{kL},\ c_{m2}^{kU} \right] \cdots \left[c_{mn}^{kL},\ c_{mn}^{kU} \right] \end{bmatrix}$$

其中，$RN(c^k)$ 是专家 k 关于指标的打分，c^{kL} 和 c^{kU} 分别表示分值的下限与上限；m 是所选碳市场数目总和；n 是指标的数目。

平均粗糙间隔 $\overline{RN(c_{ij})}$ 可用以下公式计算：

$$\overline{RN(c_{ij})} = \left[c_{ij}^L,\ c_{ij}^U \right] = \frac{1}{s} \sum_{k=1}^{s} \left[c_{ij}^{kL},\ c_{ij}^{kU} \right]$$

因此，粗糙决策矩阵 RN 可表示为：

$$RN = \begin{bmatrix} \left[c_{11}^L,\ c_{11}^U \right] & \left[c_{12}^L,\ c_{12}^U \right] & \cdots & \left[c_{1n}^L,\ c_{1n}^U \right] \\ \left[c_{21}^L,\ c_{21}^U \right] & \left[c_{22}^L,\ c_{22}^U \right] & \cdots & \left[c_{2n}^L,\ c_{2n}^U \right] \\ \vdots & \vdots & \ddots & \vdots \\ \left[c_{m1}^L,\ c_{m1}^U \right] & \left[c_{m2}^L,\ c_{m2}^U \right] & \cdots & \left[c_{mn}^L,\ c_{mn}^U \right] \end{bmatrix}$$

步骤 2：归一化粗糙决策矩阵并计算加权归一化粗糙矩阵，归一化指标如下。

$$\left[c_{ij}^{*L},\ c_{ij}^{*U} \right] = \left[\frac{c_{ij}^L}{\max_{i=1}^{m}\{\max[c_{ij}^L,\ c_{ij}^U]\}},\ \frac{c_{ij}^U}{\max_{i=1}^{m}\{\max[c_{ij}^L,\ c_{ij}^U]\}} \right] \qquad (5-8)$$

其中，$[c_{ij}^{*L},\ c_{ij}^{*U}]$ 是 $[c_{ij}^{L},\ c_{ij}^{U}]$ 的归一化形式。

$$[z_{ij}^{L},\ z_{ij}^{U}] = [w_j \times c_{ij}^{*L},\ w_j \times c_{ij}^{*U}] \tag{5-9}$$

$[z_{ij}^{L},\ z_{ij}^{U}]$ 是加权归一化粗糙矩阵；w_j 是综合权重，由式（5-3）计算而得。

步骤 3：定义正理想解（Positive Ideal Solution，PIS）与负理想解（Negative Ideal Solution，NIS）。

$$z^+(j) = \begin{cases} \max_{i=1}^{m}(z_{ij}^{U}),\ if\ j \in B; \\ \min_{i=1}^{m}(z_{ij}^{L}),\ if\ j \in C; \end{cases} \tag{5-10}$$

$$z^-(j) = \begin{cases} \max_{i=1}^{m}(z_{ij}^{U}),\ if\ j \in C; \\ \min_{i=1}^{m}(z_{ij}^{L}),\ if\ j \in B; \end{cases} \tag{5-11}$$

其中，$z^+(j)$ 和 $z^-(j)$ 分别表示指标 j 的 PIS 和 NIS。B 和 C 分别表示收益指标集与成本指标集。

步骤 4：计算每个碳市场到正理想解和负理想解的距离向量，并计算相对贴近度。

使用欧几里德距离公式，每一个碳市场到正理想解和负理想解的距离向量可以用以下公式计算而得：

$$d_i^+ = \sqrt{\sum_{j \in B}(z_{ij}^{L} - z^+(j))^2 + \sum_{j \in C}(z_{ij}^{U} - z^+(j))^2} \tag{5-12}$$

$$d_i^- = \sqrt{\sum_{j \in B}(z_{ij}^{U} - z^-(j))^2 + \sum_{j \in C}(z_{ij}^{L} - z^-(j))^2} \tag{5-13}$$

碳市场的相对贴近度：

$$c_i = \frac{d_i^-}{d_i^- + d_i^+} \tag{5-14}$$

其中，$i = 1,\ 2,\ \cdots,\ m$。

第四节　碳市场成熟度研究

欧盟碳交易机制（EU ETS）是 2005 年建立的，是全球最早建立、最成功的碳交易体系。目前，欧盟碳交易机制（EU ETS）正处于第三阶段。欧盟通过前两阶段的碳交易，在减少温室气体排放和节约能源利用方面效果显著。自

2013 年起中国成立了八个碳交易试点，已成为继欧盟碳交易机制（EU ETS）后，全球第二大碳交易市场[191]。本章选取欧盟碳交易机制（EU ETS）和中国七个碳市场（北京、天津、上海、深圳、广东、湖北和重庆）进行案例分析。本部分通过采用上小节提出的评价方法对世界具有代表性的碳市场的成熟度、运行情况进行全面的、科学的研究。

邀请七位专家构成决策委员会来确定衡量碳市场成熟度的指标并对主观指标进行偏好评分。七位专家均对碳市场运行机制及未来发展具有深入的了解，其中，三位专家就职于碳交易市场，另外四位专家均是研究碳交易机制的学者。此外，在专家进行打分时，向他们提供相关的背景资料（见附录）。

一、构建衡量碳市场成熟度指标的综合权重

1. 计算指标的主观权重

步骤 1：确定最优准则与最劣准则。

专家选择出衡量碳市场成熟度的最优准则与最劣准则。最优准则是换手率（C_{211}），最劣准则是涵盖的温室气体排放种类（C_{11}）。

步骤 2：构建比较向量并打分。

将最优准则相对于其他准则作的偏好程度，建立比较向量 $A_B^k = (a_{B1}^k, a_{B2}^k, \cdots, a_{Bn}^k)$，其中，$a_{Bi}^k$ 表示 k 专家对最优准则相较于准则 i 的偏好分数，用 1~9 分度量。将其他准则相对于最劣准则的偏好程度，建立比较向量 $A_W^k = (a_{1W}^k, a_{2W}^k, \cdots, a_{nW}^k)$，其中，$a_{iW}^k$ 表示 k 专家对准则 i 对于最劣准则的偏好程度，用 1~9 分度量。

步骤 3：构建碳市场成熟度评价的粗糙比较向量。

由于专家在决策过程中存在主观、模糊、不确定性等问题，下面将比较向量转换为粗糙数形式。转化方法参照已有文献[192]，例如，$a_{BC_{11}}$ 专家的偏好值为 {9, 8, 8, 8, 8, 9, 8}。

$$\underline{\lim}(9) = \frac{1}{7}(9+8+8+8+8+9+8) = 8.2857$$

$$\overline{\lim}(9) = \frac{1}{2}(9+9) = 9$$

$$\underline{\lim}(8) = \frac{1}{5}(8+8+8+8+8) = 8$$

$$\overline{\lim}\ (8) = \frac{1}{7}\ (9+8+8+8+8+9+8) = 8.2857$$

$a_{BC_{11}}$ 的粗糙数形式表示为：

$$RN\ (a_{BC_{11}}) = \{[8.2857,\ 9],\ [8,\ 8.2857],\ [8,\ 8.2857],$$
$$[8,\ 8.2857],\ [8,\ 8.2857],\ [8.2857,\ 9],\ [8,\ 8.2857]\ \}$$

因此，a_{Bi} 的平均粗糙序列为：

$$RN(a_{Bi}) = \left[\underline{a_{Bi}},\ \overline{a_{Bi}}\right] = \frac{1}{7}\sum_{k=1}^{7}\left[\underline{a_{Bi}^k},\ \overline{a_{Bi}^k}\right]$$

同样地，a_{iW} 的粗糙数形式 $RN\ (a_{iW})$，以及平均粗糙数序列（$\overline{RN\ (a_{iW})}$）也按照以上方式计算。计算结果如表 5-3 所示。

表 5-3　平均粗糙数序列

指标	$\overline{RN\ (a_{Bi})}$	$\overline{RN\ (a_{iW})}$	指标	$\overline{RN\ (a_{Bi})}$	$\overline{RN\ (a_{iW})}$
C_{11}	[8.0816, 8.4898]	[1, 1]	C_{27}	[3.2020, 4.4605]	[3.8796, 5.7653]
C_{12}	[3.6973, 5.6871]	[3.2272, 5.7398]	C_{28}	[4.4408, 5.9184]	[2.8776, 3.8946]
C_{13}	[4.6122, 5.9769]	[4.1952, 5.8048]	C_{29}	[3.6653, 5.2177]	[3.1878, 4.4558]
C_{14}	[2.3837, 3.8912]	[4.9524, 7.0286]	C_{210}	[2.1463, 3.7551]	[4.1796, 6.3993]
C_{15}	[4.6398, 6.8299]	[2.4354, 5.0592]	C_{211}	[1, 1]	[8.0816, 8.4898]
C_{16}	[2.2796, 5.6224]	[3.7619, 6.3143]	C_{212}	[2.5704, 4.6854]	[4.5867, 6.9320]
C_{21}	[3.6480, 5.2551]	[5.3367, 6.4388]	C_{213}	[2.1054, 3.1224]	[6.7381, 7.2619]
C_{22}	[3.1456, 5.1514]	[5.3367, 6.4388]	C_{31}	[2.2361, 4.4932]	[6.0068, 6.8231]
C_{23}	[2.4823, 3.8061]	[5.7517, 7.0867]	C_{32}	[1.6327, 2.6408]	[6.6327, 7.64082]
C_{24}	[2.4643, 3.5357]	[4.6939, 6.6259]	C_{33}	[2.7517, 4.0867]	[5.6531, 6.6327]
C_{25}	[3.0041, 4.3755]	[4.4099, 6.4065]	C_{34}	[2.0816, 2.4898]	[7.0816, 7.4898]
C_{26}	[2.8724, 3.6837]	[3.5272, 6.1082]	—	—	—

步骤 4：计算准则的主观权重

主观权重利用 Matlab 2018a 软件根据式（5-1）与式（5-2）计算而来。表 5-4 报告了归一化主观权重结果。计算得到 $\zeta^* = 1.6714$，根据式（5-3）计算得到 CR，取值在 [0, 1]，证明结果具有高度一致性。

表 5-4 指标的主观权重

指标	主观权重	指标	主观权重	指标	主观权重	指标	主观权重
C_{11}	0.0177	C_{21}	0.0407	C_{27}	0.0402	C_{213}	0.056
C_{12}	0.0344	C_{22}	0.0417	C_{28}	0.0286	C_{31}	0.0487
C_{13}	0.0337	C_{23}	0.0506	C_{29}	0.0325	C_{32}	0.0591
C_{14}	0.0491	C_{24}	0.0469	C_{210}	0.0456	C_{33}	0.0474
C_{15}	0.0279	C_{25}	0.0443	C_{211}	0.0686	C_{34}	0.0594
C_{16}	0.0395	C_{26}	0.0424	C_{212}	0.0448	—	—

2. 计算指标的客观权重

步骤 1：将偏好值转化为粗糙数形式。

碳市场成熟度衡量的指标体系中有四个指标是主观指标，包括惩罚程度（C_{16}）、机构投资者参与程度（C_{23}）、机构信息披露（C_{213}）和 MRV（C_{32}），这些指标的评价值由专家根据背景信息打分而得，1~9 分，分数越高，指标越为重要。其中，1 分表示该指标极不重要，9 分表示该指标是最重要的指标。将数据转为粗糙数形式，结果如表 5-5 所示。

表 5-5 碳市场数据

指标	EU ETS	北京	天津	上海	广东	深圳	湖北	重庆
C_{11}	3	1	1	1	1	1	1	6
C_{12}	2.084	0.47	1.6	1.55	3.7	0.3	3.24	1.06
C_{13}	0.45	0.45	0.6	0.5	0.6	0.45	0.8	0.4
C_{14}	0.5	0.95	1	1	0.97	0.95	0.9	1
C_{15}	25000	5000	20000	10000	20000	3000	10000	10000
C_{16}	[6.8612, 8.4401]	[6.6653, 8.2177]	[3.1415, 5.7510]	[4.6, 7.1905]	[4.1173, 6.8578]	[6.2585, 7.9871]	[4.9966, 7.0799]	[1.6327, 2.6408]
C_{21}	14	6	7	12	6	5	7	6
C_{22}	11500	947	112	191	218	824	166	254
C_{23}	[8.1939, 8.9150]	[5.3673, 6.78231]	[3.0765, 5.3776]	[5.8898, 7.4354]	[5.0442, 7.0799]	[4.7942, 6.5425]	[5.3265, 7.1003]	[1.4643, 2.5357]
C_{24}	3	2	3	2	2	5	2	2
C_{25}	8	3	3	3	3	3	3	3

续表

指标	EU ETS	北京	天津	上海	广东	深圳	湖北	重庆
C_{26}	$5.13×10^9$	2425010	19580	3784321	6576946	1706550	10290866	140321
C_{27}	0	40	169	133	39	94	5	188
C_{28}	42.15	51.76	26.33	30.30	32.32	53.21	24.19	17.12
C_{29}	24521.00	653.00	118.73	3288.30	1306.13	239.82	63.57	0.00
C_{210}	0.3726	0.9324	0.9561	0.9734	0.9644	0.6359	0.6750	1.0000
C_{211}	2.4600	0.0516	0.0001	0.0244	0.0178	0.0190	0.0318	0.0013
C_{212}	1	0.8457	1	1	1	0.9984	1	0.7
C_{213}	[8.4694, 8.9592]	[5.4592, 7.5221]	[2.2857, 3.6476]	[6.25, 7.6429]	[6.1952, 7.8048]	[4.4694, 6.0531]	[3.7347, 5.5830]	[1.6122, 2.9439]
C_{31}	8	7	2	7	8	2	9	3
C_{32}	[8.5102, 8.9184]	[5.7837, 6.4966]	[3.2568, 5.9990]	[5.2823, 6.9847]	[5.3980, 7.1003]	[5.7837, 6.4966]	[3.3554, 5.7483]	[2.6718, 5.6912]
C_{33}	9	4	0	3	4	7	4	0
C_{34}	100.00	10.81	80.00	5.19	14.28	9.52	25.00	0.00

步骤2：将偏好值进行单位化转换。

免费配额比例（C_{14}）、非交易天数（C_{27}）及交易集中度（C_{210}）是非收益性指标，其他指标为收益性指标。根据式（5-4）将偏好值转为相对值，区间为[0, 1]。

步骤3：计算每个 x_j 的标准差 σ_j，建立相关矩阵并计算每个指标间的相关系数 r_{ij}，以及综合信息量 F_j。按照式（5-5）计算，结果如表5-6所示。

表5-6 每个指标的综合信息量

指标	F_j	指标	F_j	指标	F_j
C_{11}	9.0778	C_{23}	2.6298	C_{211}	3.3064
C_{12}	6.5842	C_{24}	7.2556	C_{212}	5.6082
C_{13}	7.4412	C_{25}	3.3589	C_{213}	3.3367
C_{14}	3.0133	C_{26}	3.3533	C_{31}	6.1158
C_{15}	5.2559	C_{27}	4.6447	C_{32}	1.5825

指标	F_j	指标	F_j	指标	F_j
C_{16}	3.5400	C_{28}	6.2155	C_{33}	3.5076
C_{21}	4.4498	C_{29}	3.2177	C_{34}	2.8264
C_{22}	3.2812	C_{210}	3.7630	—	—

步骤4：依据式（5-6）计算每个指标的客观权重，结果如表5-7所示。

表5-7　指标的客观权重

指标	客观权重	指标	客观权重	指标	客观权重	指标	客观权重
C_{11}	0.0878	C_{21}	0.043	C_{27}	0.0449	C_{213}	0.0323
C_{12}	0.0637	C_{22}	0.0317	C_{28}	0.0601	C_{31}	0.0592
C_{13}	0.072	C_{23}	0.0254	C_{29}	0.0311	C_{32}	0.0153
C_{14}	0.0292	C_{24}	0.0702	C_{210}	0.0364	C_{33}	0.0339
C_{15}	0.0508	C_{25}	0.0325	C_{211}	0.032	C_{34}	0.0273
C_{16}	0.0342	C_{26}	0.0324	C_{212}	0.0543	—	—

步骤5：按照式（5-7）计算指标的综合权重，将主观权重与客观权重相结合得到指标的综合权重，结果如表5-8所示。

表5-8　指标的综合权重

指标	综合权重	指标	综合权重	指标	综合权重	指标	综合权重
C_{11}	0.0385	C_{21}	0.0433	C_{28}	0.0425	C_{31}	0.0711
C_{12}	0.0541	C_{22}	0.0327	C_{29}	0.025	C_{32}	0.0223
C_{13}	0.0599	C_{23}	0.0318	C_{210}	0.041	S_6	0.0935
C_{14}	0.0354	C_{24}	0.0813	C_{211}	0.0542	C_{33}	0.0397
C_{15}	0.035	C_{25}	0.0355	C_{212}	0.06	S_7	0.0397
S_1	0.2229	S_3	0.2246	S_4	0.3012	C_{34}	0.0401
C_{16}	0.0334	C_{26}	0.034	C_{213}	0.0446	S_8	0.0401
S_2	0.0334	C_{27}	0.0446	S_5	0.0446	—	—

归一化后的综合权重如表5-8所示，最重要的次级指标是市场流动性

（S_4），其权重是 0.3012；市场规模（S_3）以 0.2246 的权重位居第二；配额分配（S_1）以 0.2229 的权重排在第三位。进而，重要程度排名第四到第八的次级指标依次为：制度规制（S_6）（权重为 0.0935），市场透明度（S_5）（权重为 0.0446），社会影响（S_8）（权重为 0.0401），金融影响（S_7）（权重为 0.0397），惩罚（S_2）（权重为 0.0334）。

在环境这重底线的衡量指标中，首先是覆盖的温室气体比例（C_{13}）以 0.0599 的权重成为最重要的指标，其次是惩罚（C_{16}）的重要性排列第二位，其权重为 0.0334。在经济这一重底线的衡量指标中，交易方式数量（C_{24}）以 0.0813 的权重排列第一位，CER 或 CCER 交易量（C_{29}）以 0.0250 的权重排列在最后一位。在社会这一重底线的衡量指标中，政府政策（C_{31}）以 0.0711 的权重排名第一，MRV（C_{32}）以 0.0223 的权重排名最后。

二、利用粗糙 TOPSIS 对碳市场成熟度进行评估并排序

步骤 1：列出精确值矩阵，并将其转化为粗糙数形式。

步骤 2：按照式（5-8）及式（5-9）归一化粗糙决策矩阵转并计算加权归一化粗糙矩阵。

步骤 3：按照式（5-10）及式（5-11）计算 PIS 及 NIS，结果如表 5-9 所示。

表 5-9 PIS 和 NIS 的结果

指标	PIS	NIS	指标	PIS	NIS	指标	PIS	NIS
C_{11}	0.0385	0.0064	C_{23}	0.0318	0.0052	C_{211}	0.0542	0.0000
C_{12}	0.0541	0.0044	C_{24}	0.0813	0.0325	C_{212}	0.0600	0.0420
C_{13}	0.0599	0.0299	C_{25}	0.0355	0.0133	C_{213}	0.0446	0.0080
C_{14}	0.0177	0.0354	C_{26}	0.0340	0.0000	C_{31}	0.0711	0.0158
C_{15}	0.0350	0.0042	C_{27}	0.0000	0.0446	C_{32}	0.0223	0.0067
C_{16}	0.0334	0.0065	C_{28}	0.0425	0.0137	C_{33}	0.0397	0.0000
C_{21}	0.0433	0.0155	C_{29}	0.0250	0.0000	C_{34}	0.0401	0.0000
C_{22}	0.0327	0.0003	C_{210}	0.0153	0.0410	—	—	—

步骤 4：根据式（5-12）至式（5-14）计算每个碳市场到正理想解和负

理想解的距离向量，并计算相对贴近度，结果如表 5-10 和图 5-2 所示。

表 5-10　距离、相对贴近度及碳市场成熟度排序结果

市场	d⁻	d⁺	相对贴近度	排序
EU ETS	0.0535	0.1457	0.7314	1
北京	0.1312	0.0776	0.3715	4
天津	0.1454	0.0500	0.2559	7
上海	0.1291	0.0726	0.3599	6
广东	0.1189	0.0974	0.4505	3
深圳	0.1348	0.0823	0.3792	5
湖北	0.1185	0.1005	0.4590	2
重庆	0.1569	0.0381	0.1954	8

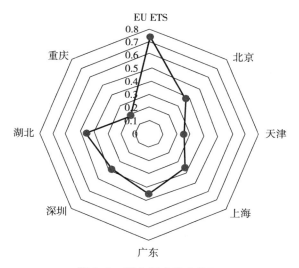

图 5-2　碳市场成熟度结果

从表 5-10 可以看出，EU ETS 是样本中最成熟的碳市场，在八个碳市场中排名第一，相对贴近度为 0.7314，其成熟程度远远高于中国其他七个碳市场；中国碳市场的成熟度水平相对较低，并且参差不齐。按照碳市场成熟度水平可以将中国碳市场分为三个层次：第一层次为湖北、广东碳市场，成熟度水平较高，相对贴近度分别为 0.4590 和 0.4505；第二层次的碳市场包括深圳、北京和上海碳市场，相对贴近度在 0.3~0.4；第三层次的碳市场为天津、重庆

碳市场，相对贴近度分别为 0. 2559 和 0. 1954。

三、结果讨论与建议

合理的碳排放额度分配方式、较高的碳金融产品流动性和积极的投资者参与度是碳市场健康运行的保障。EU ETS 是目前世界上覆盖温室气体最多的碳市场，同时也是所选八个碳市场中成熟度最高的。EU ETS 采用动态的配额管理制度[164]，在每个阶段逐渐减少了配额上限，从第一阶段至第二阶段，每年的配额总额由 2.181 亿元减至 2.083 亿元；在第三阶段，从 2013～2020 年，配额每年减少 1.74%[3]。此外，有大量的机构投资者和个人投资者参与 EU ETS 的交易。丰富的碳金融产品种类，较高的碳价格流动性，以及活跃的交易频率，使欧盟碳资产成为重要的金融产品[193]。

然而，中国的碳市场还并不成熟。湖北碳市场是中国最活跃的碳市场，2016 年交易量达到 10290866 吨。湖北省发改委鼓励投资者参与碳交易，并出台了多项政策促进碳市场发展。例如，湖北碳市场规定上一履约期剩余的交易配额可以存储到下一个履约年度使用[157]。广东碳市场成立于 2013 年，是中国唯一一个自成立以来坚持实行拍卖碳配额的碳市场。同时，广东碳市场在中国碳市场中率先开展了碳金融产品的开发和管理。广东碳市场率先在中国开发了碳基金[194]。深圳碳市场的成熟度处于第二层次，深圳碳市场设立了多个法律法规，为市场参与者提供强有力的法律保护；由于其污染密集型企业不多，相较于北京、上海碳市场其温室气体排放源较少，因此，其控排总量不足。天津和重庆碳市场成熟度低，主要是由于控排企业少，市场机制不完善，交易不活跃。

综上所述，中国的七个碳市场还处于起步阶段，存在着碳交易流动性低、投资不足、信息流机制不到位、环境约束不足等问题。首先，大多控排企业的碳资产产权管理意识和能力较弱，交易意愿并不强烈，实行碳交易是为了完成政府的指令，为了免受惩罚而进行交易。其次，我国碳市场普遍主要采用免费配额分配，影响碳价格的形成，碳市场价格机制运行并不完善。

四、与其他方法比较

本部分将分别运用多种方法对碳市场成熟度进行测度，并与粗糙 BWM-

CRITIC-TOPSIS 方法的计算结果进行对比分析，证明本方法的有效性。

　　Hu 等（2017）[156] 采用 CV-TOPSIS 法研究了中国碳市场的综合能力包括成熟度和绩效等。因此，本书以 CV-TOPSIS 法为比较方法对案例进行分析。由于本章提出的方法基于粗糙理论和 BWM-CRITIC-TOPSIS 方法，考虑了主观赋权和客观赋权的集成。为了验证该方法的优越性，本部分选取了 CRITIC-TOPSIS 法和 BWM-TOPSIS 法分别考虑了倘若只应用客观权重和主观权重的赋权方法的结果做对比。此外，BWM-CRITIC-TOPSIS 和模糊 BWM-CRITIC-TOPSIS 验证了粗糙理论处理决策过程主观性和模糊性问题的有效性和精确性。表 5-11 报告了根据不同方法计算的各指标的权重。表 5-12 和图 5-3 报告了八个碳市场成熟度的排序情况。

表 5-11　不同方法的指标权重

指标	CV-TOPSIS	CRITIC-TOPSIS	BWM-TOPSIS	BWM-CRITIC-TOPSIS	模糊 BWM-CRITIC-TOPSIS	粗糙 BWM-CRITIC-TOPSIS
C_{11}	0.0497	0.0830	0.0167	0.0336	0.0409	0.0385
C_{12}	0.0359	0.0612	0.0331	0.0492	0.0587	0.0541
C_{13}	0.0127	0.0683	0.0312	0.0519	0.0660	0.0599
C_{14}	0.0096	0.0280	0.0480	0.0326	0.0302	0.0354
C_{15}	0.0315	0.0482	0.0263	0.0308	0.0422	0.0350
C_{16}	0.0162	0.0379	0.0399	0.0368	0.0284	0.0334
C_{21}	0.0214	0.0412	0.0415	0.0416	0.0420	0.0433
C_{22}	0.1143	0.0303	0.0436	0.0321	0.0311	0.0327
C_{23}	0.0174	0.0273	0.0514	0.0342	0.0232	0.0318
C_{24}	0.0208	0.0657	0.0461	0.0737	0.0712	0.0813
C_{25}	0.0251	0.0310	0.0434	0.0328	0.0320	0.0355
C_{26}	0.1449	0.0310	0.0405	0.0305	0.0314	0.0340
C_{27}	0.0453	0.0436	0.0389	0.0412	0.0426	0.0446
C_{28}	0.0195	0.0568	0.0292	0.0403	0.0499	0.0425
C_{29}	0.1154	0.0298	0.0330	0.0239	0.0274	0.0250
C_{210}	0.0144	0.0348	0.0444	0.0375	0.0371	0.0410
C_{211}	0.1364	0.0306	0.0738	0.0548	0.0742	0.0542

续表

指标	CV-TOPSIS	CRITIC-TOPSIS	BWM-TOPSIS	BWM-CRITIC-TOPSIS	模糊BWM-CRITIC-TOPSIS	粗糙BWM-CRITIC-TOPSIS
C_{212}	0.0061	0.0516	0.0468	0.0588	0.0529	0.0600
C_{213}	0.0201	0.0348	0.0560	0.0474	0.0404	0.0446
C_{31}	0.0261	0.0575	0.0514	0.0720	0.0630	0.0711
C_{32}	0.0126	0.0294	0.0572	0.0409	0.0256	0.0223
C_{33}	0.0411	0.0328	0.0492	0.0392	0.0351	0.0397
C_{34}	0.0635	0.0452	0.0583	0.0640	0.0544	0.0401

表 5-12　碳市场成熟度比较

碳市场	CV-TOPSIS		CRITIC-TOPSIS		BWM-TOPSIS		BWM-CRITIC-TOPSIS		模糊BWM-CRITIC-TOPSIS		粗糙BWM-CRITIC-TOPSIS	
	成熟度	排序	成熟度	排序	成熟度	排序	成熟度	排序	成熟度	排序	成熟度	排序
EU ETS	0.898	1	0.678	1	0.849	1	0.759	1	0.738	1	0.731	1
北京	0.157	5	0.341	5	0.341	4	0.359	4	0.324	5	0.372	5
天津	0.176	4	0.312	8	0.281	7	0.328	7	0.311	6	0.256	7
上海	0.127	8	0.317	7	0.324	6	0.343	6	0.306	7	0.360	6
广东	0.191	3	0.438	2	0.375	3	0.430	3	0.418	3	0.451	3
深圳	0.149	6	0.344	4	0.340	5	0.358	5	0.331	4	0.379	4
湖北	0.194	2	0.437	3	0.380	2	0.445	2	0.426	2	0.459	2
重庆	0.135	7	0.332	6	0.098	8	0.168	8	0.194	8	0.195	8

　　由表 5-12 可知，首先，比较 CV-TOPSIS 法和粗糙 BWM-CRITIC-TOPSIS 法，结果发现这两种方法的碳市场成熟度结果不同，通过 CV-TOPSIS 方法的结果表明，天津碳市场排名第四，上海碳市场排名第八，深圳碳市场排名第六，重庆碳市场排名第七。而使用粗糙 BWM-CRITIC-TOPSIS 方法，天津碳市场排名第七，上海碳市场排名第六，深圳排名第四，重庆排名第八。造成结果差异的原因是两种方法的每个指标的权重不同。例如，从表 5-11 可以看出，利用 CV-TOPSIS 方法，C_{11} 的权重为 0.0497；利用粗糙 BWM-CRITIC-TOPSIS

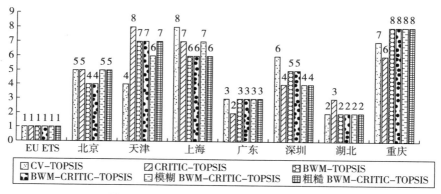

图 5-3　不同方法的碳市场成熟度排序情况

方法，C_{11} 的权重为 0.0385。这可能是因为 CV-TOPSIS 方法只考虑客观权重，没有考虑指标的主观权重。本书提出的方法使用 BWM-CRITIC 方法测度权重，该方法一方面探索了主观权重与客观权重相结合的权重问题；另一方面，CRITIC 方法计算每个指标的信息测度，包括相关信息和标准差，比 CV 更有效。

其次，分别比较 CRITIC-TOPSIS 法、BWM-TOPSIS 法和粗糙 BWM-CRIT-IC-TOPSIS 法。从表 5-11 可以看出，用三种方法计算的每个指标的权重是不同的。例如，利用 CRITIC-TOPSIS 法得到的 C_{11} 的权值为 0.0830，利用 BWM-TOPSIS 法得到的 C_{11} 的权值为 0.0167，而使用粗糙 BWM-CRITIC-TOP-SIS 法得到的 C_{11} 的权值为 0.0385。从市场成熟度评估结果来看，使用 CRITIC-TOPSIS 法，重庆碳市场成熟度排位第六，上海碳市场成熟度排名第七，天津碳市场的成熟度排名第八，该结果与现有研究结果及现实情况并不符合[150-151]，现有研究表明，重庆市场成熟度水平在中国七个碳市场中排位最后；从市场的真实情况来看，重庆碳市场的成交量、交易天数、交易额度等指标在七个碳市场中处在最后一位。说明 CRITIC-TOPSIS 法测得的结果与事实不符。BWM-TOPSIS 方法测得北京碳市场成熟度排第四位，深圳碳市场成熟度排第五位，天津碳市场排在第七位（0.281），远远高于重庆碳市场排在第八位（0.098），也与现实情况不符。这两种方法与本文提出的方法的测算的结果不一致，结果出现偏差的原因是由于 CRITIC-TOPSIS 法和 BWM-TOPSIS 法分别只考虑客观权重和主观权重来评价碳市场成熟度。

最后，比较 BWM-CRITIC-TOPSIS 法、模糊 BWM-CRITIC-TOPSIS 法以及粗糙 BWM-CRITIC-TOPSIS 法测算成熟度的结果。从表 5-11 可以看到，运用三种方法测算的权重各不相同，例如，C_{11} 的权重分别为 0.0336（BWM-

CRITIC-TOPSIS 法）、0.0409（模糊 BWM-CRITIC-TOPSIS 法）和 0.0385（粗糙 BWM-CRITIC-TOPSIS 法）。从表 5-12 的成熟度结果来看，BWM-CRITIC-TOPSIS 与 BWM-TOPSIS 的计算结果相似。天津碳市场排在第七位（0.328），远远高于重庆碳市场排在第八位（0.168），结果与事实不符。运用 BWM-CRITIC-TOPSIS 法，北京碳市场排名第四，而运用粗糙 BWM-CRITIC-TOPSIS 法，粗糙 BWM-CRITIC-TOPSIS 法，北京碳市场排名第五。

　　总体而言，本书提出的方法是一种有效、准确的评价碳市场成熟度的方法。该方法考虑了综合权重与决策的不确定性和模糊性。

本章小结

　　本章建立了考虑综合权重的碳市场成熟度评价模型，比较了 EU ETS 与中国碳市场的成熟度水平。首先，基于三重底线原则，选取了包含经济、环境和社会三个方面全面的指标，对碳市场成熟度进行综合评价；其次，该方法基于粗糙集理论考虑了主观权重和客观权重的综合权重，有效地处理了主观性和模糊性的问题。该方法更好地反映了决策者的主观偏好，减少了不确定性，保证了成熟度分析结果的准确性。

　　从评价结果来看，EU ETS 是最成熟的碳市场，我国的碳市场还不成熟，且参差不齐。湖北碳市场和广东碳市场的成熟度高于其他碳市场。这两个碳市场都对碳市场进行了严格的监管。湖北碳市场交易活跃，广东碳市场成立较早，交易经验丰富。深圳、北京和上海的碳市场的成熟阶段处于中间层次。天津、重庆碳市场的成熟度最低。

　　中国碳市场提高成熟度应进行以下改善。首先，提高市场活跃度。政府应该帮助企业提高参与碳市场的意愿和能力，认识到碳市场对于节能减排的重要性。其次，开发多种碳资产金融产品，多样的金融产品是吸引投资者的重要途径。最后，中国碳市场应完善法律法规，规范碳市场机制。这些措施可以提高市场效率。建立适当的惩罚机制可以增加被监管企业对碳市场的关注，鼓励控排企业推广清洁技术，以实现减排目标。完善碳市场运行机制为建立全国性碳交易市场提供基础。

第六章
区域碳市场协调发展研究

第一节 引言

　　从上一章研究可以得出，中国碳交易市场的成熟度并不高，其发展程度参差不齐。目前，全国性碳交易市场只涉及电力行业，没有将更多高污染、高能耗企业涵盖在内。未来完善全国碳交易市场机制或将成为发展重心，可以建立一个连接和整合跨区域的碳交易市场。随着中国碳交易试点的推进、自愿减排项目的开展，全国碳交易市场的完善迫在眉睫。建立全国性的碳交易市场，将会对社会、经济产生什么样的影响，这个科学问题具有重要的理论与现实意义。对于区域碳交易市场发展的研究，现有研究可分为两类：一类是运用系统建模的方法从碳价格制定、配额方式等角度模拟全国性碳交易市场的成立对于减排、经济社会的发展产生的影响[195]；另一类是将二氧化碳作为投入变量，运用超对数生产函数模型对中国省际碳交易进行研究[196-197]。本章采用非线性规划的方法，从二氧化碳影子价格出发，设立区域间实现碳交易的情景，分析跨省碳交易对经济发展、环境保护的潜在效应。影子价格，广泛应用于碳交易市场的价格补贴政策及碳税税率设定等环境政策问题。以中国区域碳交易为例，每个省份的二氧化碳影子价格不同，意味着不同地区边际减排成本不同。如果实现区域间碳交易，将边际减排成本低的地区的碳配额出售给边际减排成本高的地区，这样总产出将会提高；倘若各个地区的二氧化碳影子价格相同，市场就实现有效性[198]。研究碳交易区域协调发展，推进碳交易理论研究，为政府决策者了解碳交易的潜在效应，制定相关政策提供参考。

第二节　模型建立

一、利用 SBM 模型估计碳排放影子价格

二氧化碳影子价格的估算方法主要分为参数估计法与非参数估计法。常用的参数估计法主要包括方向距离函数、随机前沿面分析法[196-198;203]。但运用参数估计法需要预先对参数进行估计，这种主观模型会影响结果的精确度[199]。数据包络分析（Data Envelopment Analysis，DEA）是由 Charnes 等（1978）[200]提出的一种非参估计法，不需要事先设定函数并对其中参数进行估计，对于二氧化碳影子价格的测度更为准确。但传统的数据包络分析（DEA）模型没有考虑投入变量与产出变量的松弛性问题，松弛测度模型（Slack Based Model，SBM）是一种将非期望产出考虑在内的，基于松弛变量的非径向、非参数的DEA 模型。相较于参数估计法，运用松弛测度模型能够更有效、更真实地测度二氧化碳影子价格[201]。因此，本书采用松弛测度模型对各个省市地区的二氧化碳影子价格进行测量。

假定存在 n 个决策单元模块，每个决策单元由期望产出（Y^g）、非期望产出（Y^b）和投入（X）组成。将三组变量构建成矩阵：m 个投入变量 $X = [x_1, x_2, \cdots, x_n] \in R^{m \times n}$，$p$ 个期望产出变量 $Y_1^g = [y_1^g, y_2^g, \cdots, y_p^g] \in R^{p \times n}$，$q$ 个非期望产出变量 $Y^b = [y_1^b, y_2^b, \cdots, y_q^b] \in R^{q \times n}$，且 X，Y^g，$Y^b > 0$。生产可能性集合（P）被定义为：

$$P = \{ (x, y^g, y^b) \mid x \geq X\lambda, \ y^g \leq Y^g\lambda, \ y^b \geq Y^b\lambda, \ \lambda \geq 0 \}$$

λ 为非负强度向量。非期望产出 SBM 模型如下：

$$\min\phi = \frac{(1 - \frac{1}{m}\sum_{i=1}^{m}\frac{s_i^-}{x_{i0}})}{1 + \frac{1}{p+q}(\sum_{j=1}^{p}\frac{s_r^g}{y_{r0}^g} + \sum_{j=1}^{q}\frac{s_r^{b-}}{y_{r0}^b})}$$

$$\text{s. t.}\begin{cases} \sum_{K=1}^{K}\lambda_k x_{ik} + s_i^- = x_{i0}, \ i = 1, \cdots, m \\ \sum_{K=1}^{K}\lambda_k y_{jk}^g - s_j^g = y_{j0}^g, \ j = 1, \cdots, p \\ \sum_{K=1}^{K}\lambda_k y_{jk}^b + s_j^{b-} = y_{j0}^b, \ j = 1, \cdots, q \\ \lambda_k, \ s_i^-, \ s_r^{g+}, \ s_j^{b-} \geqslant 0, \ \forall k, i, r, j \end{cases} \tag{6-1}$$

其中，s_i^-、s_r^{b-} 和 s_r^b 分别表示决策单元的投入、期望产出、非期望产出的松弛变量。θ 表示目标函数，且取值为 $0 < \theta \leqslant 1$，当 $0 < \theta < 1$ 时，表示效率存在改善的空间，可以通过优化投入产出量实现效率优化。当 $\theta = 1$ 时，松弛变量为 0，表示实现完全有效率。

用 Charnes-Cooper 转换将上述模型转化为线性模型形式[202]：

$$\beta = \min t - \frac{1}{m}\sum_{i=1}^{m}\frac{s_i^-}{x_{i0}}$$

$$\text{s. t.}\begin{cases} t + \frac{1}{p+q}(\sum_{d=1}^{p}\frac{s_r^{g+}}{y_{d0}^g} + \sum_{j=1}^{q}\frac{s_r^{b-}}{y_{j0}^b}) = 1 \\ \sum_{K=1}^{K}\hat{k}x_{ik} + S_i^- = tx_{i0}, \ i = 1, \cdots, m \\ \sum_{K=1}^{K}\hat{k}y_{dk}^g - S_d^{g+} = ty_{d0}^g, \ d = 1, \cdots, p \\ \sum_{K=1}^{K}\hat{k}y_{jk}^b - S_j^{b-} = ty_{j0}^b, \ j = 1, \cdots, q \\ \lambda_k, \ s_i^-, \ s_d^{g+}, \ s_j^{b-} \geqslant 0, \ \forall k, i, d, j \end{cases} \tag{6-2}$$

其中，$\hat{k} = t\lambda_k$，$S_i^- = ts_i^-$，$S_d^{g+} = ts_r^{g+}$，$S_j^{b-} = ts_j^{b-}$

通过对偶转换[17;204-205]，得到：

$$\max\sum_{d=1}^{p}p_d^g y_{d0}^g - \sum_{i=1}^{m}p_i x_{i0} - \sum_{j=1}^{q}p_j^b y_{j0}^b$$

$$
\text{s. t.}
\begin{cases}
\sum_{d=1}^{p} p_d^g y_{dk}^g - \sum_{i=1}^{m} p_i x_{ik} - \sum_{j=1}^{q} p_j^b y_{jk}^b \leqslant 0, \quad k = 1, 2, \cdots, n \\[2mm]
p_i \geqslant \dfrac{1}{m}\left[1/x_{i0}\right], \quad i = 1, 2, \cdots, m \\[2mm]
p_d^g \geqslant \dfrac{1 + \sum_{d=1}^{p} p_d^g y_{d0}^g - \sum_{i=1}^{m} p_i x_{i0} - \sum_{j=1}^{q} p_j^b y_{j0}^b}{p+q}\left[1/y_{d0}^g\right] \\[4mm]
p_j^b \geqslant \dfrac{1 + \sum_{d=1}^{p} p_d^g y_{d0}^g - \sum_{i=1}^{m} p_i x_{i0} - \sum_{j=1}^{q} p_j^b y_{j0}^b}{p+q}\left[1/y_{j0}^b\right]
\end{cases}
\tag{6-3}
$$

其中，p_i，p_d^g，p_j^b 向量分别表示投入变量、非期望产出、期望产出的虚拟价格。所找到的最优价格保证了对于有效的 DMU，最优利润等于 0。假设期望产出的市场价格等于其影子价格，则二氧化碳影子价格（SPC）可以用以下公示表示：

$$
SPC = p_d \frac{p_j^b}{p_d^g}
\tag{6-4}
$$

其中，P_d 表示期望产出影子价格，计算过程中将其标准化为 1。二氧化碳影子价格是边际减排成本[14;206-207]，显示了期望产出与非期望产出之间的关系，即减少一单位非期望产出，放弃的期望产出的价值。

二、利用 Malmquist-Luenberger 指数计算技术效率指数与技术进步指数

运用 Malmquist-Luenberger，（ML）指数计算技术效率，Malmquist-Luenberger 指数由 Chuang 等（1997）[208] 提出计算包含非期望产出的生产效率。可以将全要素生产率分解为技术水平指数与技术效率指数。根据方向距离函数，ML 指数公式如下，表示由 t 期到 $t+1$ 期的 ML 生产率指数：

$$
ML_t^{t+1} = \left[\frac{1 + \vec{D}_0^t(x^t, y^t, b^t; y^t, -b^t)}{1 + \vec{D}_0^t(x^{t+1}, y^{t+1}, b^{t+1}; y^{t+1}, -b^{t+1})} \times \frac{1 + \vec{D}_0^{t+1}(x^t, y^t, b^t; y^t, -b^t)}{1 + \vec{D}_0^{t+1}(x^{t+1}, y^{t+1}, b^{t+1}; y^{t+1}, -b^{t+1})}\right]^{1/2}
\tag{6-5}
$$

其中，x 表示投入，y 表示期望产出，b 表示非期望产出。将 ML 指数分解

为技术效率指数 $EFFCH_t^{t+1}$ 和技术进步指数 $TECH_t^{t+1}$：

$$ML_t^{t+1} = EFFCH_t^{t+1} \times TECH_t^{t+1} \tag{6-6}$$

$$EFFCH_t^{t+1} = \frac{1 + \vec{D}_0^t(x^t, y^t, b^t; y^t, -b^t)}{1 + \vec{D}_0^{t+1}(x^{t+1}, y^{t+1}, b^{t+1}; y^{t+1}, -b^{t+1})} \tag{6-7}$$

$$TECH_t^{t+1} = \left[\frac{1 + \vec{D}_0^{t+1}(x^t, y^t, b^t; y^t, -b^t)}{1 + \vec{D}_0^t(x^t, y^t, b^t; y^t, -b^t)} \times \frac{1 + \vec{D}_0^{t+1}(x^{t+1}, y^{t+1}, b^{t+1}; y^{t+1}, -b^{t+1})}{1 + \vec{D}_0^t(x^{t+1}, y^{t+1}, b^{t+1}; y^{t+1}, -b^{t+1})} \right]^{1/2} \tag{6-8}$$

三、利用非线性规划方法评价区域碳交易产生的效应

本部分将运用非线性规划方法模拟区域实现碳交易对碳排放、产出的影响。建立两个情景假设，具体如下：

情景一：假设资本存量、劳动力数量、国家总 GDP 保持、技术进步水平、技术效率、能源结构指标保持不变；全国各省市实现区域碳交易，使各个区域碳强度最小化，情景模型公式如下：

$$\min CI_t$$

$$\text{s. t.} \begin{cases} Y = \sum_{i=1}^n Y_{it} \\ Y_{it} = f_i[K_{it}, L_{it}, E_{it}, EFFCH_{it}, TECH_{it}] \quad (i = 1, 2, \cdots, n) \\ ES_{it} = E_{it}/C_{it} \\ C_t = \sum_{i=1}^n C_{it} \\ CI_t = C_t/Y_t \\ Y_t = \overline{Y}_t, \quad K_t = \overline{K}_t, \quad L_{it} = \overline{L_{it}} \\ EFFCH_{it} = \overline{EFFCH_{it}}, \quad TECH_{it} = \overline{TECH_{it}}, \quad ES_{it} = \overline{ES_{it}} \\ E_{it} \geqslant 0, \quad C_{it} \geqslant 0, \quad Y_{it} \geqslant 0 \end{cases} \tag{6-9}$$

在式（6-9）中，i 表示地区，地区的期望产出（Y）由资本（K）、劳动力（L）与能源（E）、技术进步水平（TECH）、技术效率（EFFCH）决定，运用柯步—道格拉斯生产函数计算对应参数。CI_t 表示时间 t 时的碳强度，ES

表示能源结构。变量顶部的"–"表示此变量取当年真实数据。

情景二：假设资本存量、劳动力、技术进步水平、技术效率、能源结构指标保持不变；每个省份或地区的二氧化碳排放量增长率及经济增长速率受到约束，全国各省市实现区域碳交易，使各个区域碳强度最小化，情景模型公式如下：

$$\min CI_t$$

$$\text{s.t.} \begin{cases} Y = \sum_{i=1}^{n} Y_{it} \\ Y_{it} = f_i[K_{it}, L_{it}, E_{it}, EFFCH_{it}, TECH_{it}] (i = 1, 2, \cdots, n) \\ ES_{it} = E_{it}/C_{it} \\ C_t = \sum_{i=1}^{n} C_{it} \\ CI_t = C_t/Y_t \\ K_t = \overline{K_t}, \ L_{it} = \overline{L_{it}} \\ EFFCH_{it} = \overline{EFFCH_{it}}, \ TECH_{it} = \overline{TECH_{it}}, \ ES_{it} = \overline{ES_{it}} \\ C_{it} \leqslant \eta_{it} C_{it-1} \\ Y_{it} \geqslant \gamma_{it} Y_{it-1} \\ E_{it} \geqslant 0, \ C_{it} \geqslant 0, \ Y_{it} \geqslant 0 \end{cases} \tag{6-10}$$

在式（6-10）中，i 表示地区，地区的期望产出（Y）由资本（K）、劳动力（L）与能源（E）、技术进步水平（TECH）、技术效率（EFFCH）决定，运用柯步—道格拉斯生产函数计算对应参数。η_{it} 表示二氧化碳排放增长率的上限，地区 i 在时间 t 的碳排放量不大于 h 倍的 $t-1$ 时间的碳排放量。γ_{it} 表示 GDP 增长率的下限，以约束所有省份的 GDP 增长，即地区 i 在时间 t 的 GDP 增长率不小于 γ。

第三节　数据选取

采用 2002~2015 年 30 个代表性省份（不包括中国的西藏、海南、香港、澳门以及台湾）的面板数据。按照四大经济区域划分，如表 6-1 所示：

表 6-1　地区区划

分区	省份
东北地区	辽宁、吉林、黑龙江
东部地区	北京、天津、河北、上海、江苏、浙江、福建、山东、广东、海南
中部地区	山西、安徽、江西、河南、湖北、湖南
西部地区	内蒙古、广西、重庆、四川、贵州、云南、陕西、甘肃、青海、宁夏、新疆

实证分析中涉及的变量如下：

1. 投入变量

（1）资本存量（K）。鉴于迄今为止，我国还不存在权威性的资本存量数据，因此，在本书中仿照单豪杰的方法[209]，使用永续盘存法计算，其计算公式为 $K_{it}=(1-\rho)K_{it-1}+I_{it}$，其中，$K_{it}$ 表示 i 省在第 t 年的资本存量，I_{it} 表示 i 省在第 t 年新增固定资产投资，ρ 表示折旧率，取值 10.96%。

（2）劳动力（L）。以各省年末从业人员人数来表示。

（3）能源消费（E）。由全部能源消费量，减去终端生活能源消耗和能源转换消耗计算而来。终端能源消耗包括 17 种能源，原煤、精煤、洗煤、型煤、液化石油气、燃料油、原油、汽油、煤油、柴油、其他石油产品、焦炭、焦炉煤气、其他煤气、天然气和炼厂气。这些值根据标准煤换算系数换算成标准煤的统计数据。

2. 产出变量

（1）期望产出选取地区 GDP（Y）作为期望产出。表示各省市经济发展水平。

（2）非期望产出选取二氧化碳排放量（C）作为非期望产出。基于上述 17 种能源的消耗计算碳排放量，其中，常规燃料能源的二氧化碳排放因子是基于 IPCC（2006）的数据。各变量描述性统计如表 6-2 所示，各个地区投入量、期望产出、非期望产出的差异较大，相比而言，中部地区的资本投入、劳动力投入、能源消费水平较高，东部次之，西部最后。资料来源于《中国统计年鉴》《中国人口与就业统计年鉴》和不同年度各省统计年鉴。为了消除价格的影响，所有与价格有关的数据均根据相应的物价指数或增长指数调整为基于 2000 年价格水平。

表 6-2 2002~2015 年投入产出变量描述性统计

地区		投入			期望产出	非期望产出
		资本存量 （亿元）	劳动 （万人）	能源消费 （万吨标准煤）	GDP （亿元）	二氧化碳排 放量（万吨）
全国	max	118827.59	6636.00	96281.00	99836.21	84220.00
	min	846.66	282.40	684.00	357.55	1240.00
东北地区	max	61525.19	2562.23	23526.00	39603.02	48450.00
	min	2501.17	1167.40	3713.00	2147.91	8910.00
东部地区	max	118827.59	6632.50	38899.00	99836.21	84220.00
	min	892.60	349.90	684.00	629.92	1240.00
中部地区	max	92600.65	6636.00	96281.00	55105.89	54850.00
	min	3032.61	1191.60	2933.00	2283.03	6330.00
西部地区	max	49698.44	4847.01	20575.00	44982.88	62160.00
	min	846.66	282.40	1019.00	357.55	1570.00

第四节 实证结果与讨论

中国各个地区资源禀赋各不同，经济发展程度差异较大，在产业结构、能源消耗、生产能力、碳排放程度方面都具有显著的地区性差异，具体地，表6-3报告了2002~2015年各省市碳排放强度。从2002~2015年，全国碳排放强度呈下降的趋势，由3.7493万吨/亿元下降至1.1338万吨/亿元。但是，各地区碳排放强度分布不均匀，位于中国西部的偏远不发达地区的碳排放强度一直高于全国平均值，而相应的东部沿海城市的碳排放强度处于全国的最低水平。东北地区、中部地区碳排放强度居中。从区域内部分析，各地区碳排放强度差异较大，例如，2015年东部地区河北碳排放强度高达1.7191万吨/亿元，而其他地区碳排放强度均小于1万吨/亿元。如表6-3所示，2015年中国各省市碳排放强度，东北地区辽宁、黑龙江；东部地区河北；中部地区山西、安徽；西部地区内蒙古、贵州、甘肃、青海、宁夏、新疆六个地区碳排放强度较高。北京、浙江、广东碳排放强度较低。东北部地区、西部地区碳排放强度高

表6-3 各省份碳强度

单位：万吨/亿元

年份 地区	2002	2003	2004	2005	2006	2007	2008	2009	2010	2011	2012	2013	2014	2015
辽宁	4.0884	3.9205	3.6022	3.2915	3.1983	2.8896	2.3137	2.2776	1.9990	1.6090	1.4183	1.3222	1.2424	1.1921
吉林	3.8949	4.9459	3.3875	3.6752	3.4010	2.8036	2.3082	2.1073	1.8572	1.6756	1.4199	1.2232	1.1350	1.0215
黑龙江	3.2384	3.1627	2.8151	2.7028	2.6655	2.3195	1.9759	1.9664	1.6839	1.4864	1.4403	1.2733	1.2635	1.2294
东北地区平均	3.7406	4.0097	3.2683	3.2232	3.0883	2.6709	2.1993	2.1171	1.8467	1.5904	1.4262	1.2729	1.2136	1.1477
北京	1.7831	1.6143	1.4252	1.2707	1.1352	0.9725	0.7903	0.7427	0.6407	0.4829	0.4375	0.3675	0.3325	0.3017
天津	3.0030	2.5224	2.4167	2.1557	1.9945	1.7607	1.3919	1.3938	1.2265	1.0613	0.9421	0.8106	0.7231	0.6609
河北	4.7496	4.6690	4.1619	4.2471	3.8653	3.3817	2.8360	2.7652	2.5381	2.2371	1.9835	1.9362	1.7998	1.7191
上海	2.2254	2.0343	1.7916	1.6547	1.4869	1.2901	1.1038	1.0416	0.9251	0.8414	0.7575	0.7074	0.5949	0.5475
江苏	2.0752	1.9958	1.9754	1.9840	1.8594	1.5837	1.3369	1.2531	1.1302	0.9880	0.9065	0.8482	0.7731	0.7053
浙江	1.9771	1.8240	1.7872	1.7973	1.7222	1.5523	1.3112	1.2740	1.0783	0.9284	0.8421	0.7593	0.6922	0.6395
福建	1.5339	1.6783	1.6887	1.7965	1.6834	1.5631	1.3118	1.3392	1.1440	1.0832	0.9242	0.8025	0.7589	0.6540
山东	2.4915	2.6329	2.5005	2.8139	2.5422	2.2653	1.8865	1.7714	1.5908	1.3666	1.2768	1.0230	0.9683	0.9415
广东	1.7511	1.6769	1.5513	1.4600	1.3392	1.1779	0.9793	0.9805	0.8793	0.7973	0.7010	0.6150	0.5616	0.5164
海南	1.9685	2.2272	2.0488	1.7275	1.7075	1.5602	1.3918	1.3865	1.1347	1.0569	0.9670	0.8952	0.8176	0.7951
东部地区平均	2.3558	2.2875	2.1347	2.0907	1.9336	1.7108	1.4340	1.3948	1.2288	1.0843	0.9738	0.8765	0.8022	0.7481
山西	9.6976	8.8180	7.2080	6.4388	6.0421	5.0402	4.1638	4.2066	3.5368	2.9714	2.8561	2.7756	2.6393	2.4266
安徽	3.2211	4.2321	3.0562	2.7316	2.6506	2.3507	2.0948	2.0784	1.7092	1.4542	1.3803	1.3010	1.2062	1.1311
江西	2.5936	2.6929	2.4834	2.2486	2.1104	1.9567	1.5733	1.5746	1.2922	1.0963	0.9647	1.0180	0.9352	0.9006
河南	3.1937	3.0668	3.0065	2.8813	2.7459	2.4126	1.9200	1.8486	1.6873	1.4889	1.2547	1.0419	1.0424	0.9396

续表

地区＼年份	2002	2003	2004	2005	2006	2007	2008	2009	2010	2011	2012	2013	2014	2015
湖北	3.6640	3.4011	3.0200	2.6065	2.6404	2.2808	1.7974	1.7091	1.5887	1.4070	1.1871	0.8717	0.7764	0.7042
湖南	2.2499	2.2294	2.0928	2.4927	2.4008	2.0350	1.5908	1.4912	1.2561	1.0873	0.9338	0.7892	0.7019	0.6939
中部地区平均	4.1033	4.0734	3.4778	3.2333	3.0984	2.6793	2.1900	2.1514	1.8450	1.5842	1.4295	1.2996	1.2169	1.1327
内蒙古	6.4963	6.0679	6.4304	5.6736	5.3364	4.5930	3.9750	3.7643	3.2633	3.1474	2.8684	2.4187	2.2898	2.2668
广西	2.2456	2.3458	2.3969	2.3038	2.1774	1.9009	1.5174	1.6007	1.4260	1.2307	1.1425	1.0336	0.9235	0.8089
重庆	3.0950	2.6264	2.1299	2.2092	2.1118	1.8576	1.8077	1.7177	1.4579	1.2417	1.0917	0.8077	0.7917	0.7239
四川	2.5781	2.8473	2.5260	2.0855	1.9331	1.6498	1.4521	1.4667	1.3514	1.0475	0.9811	0.8957	0.8110	0.7176
贵州	6.8866	7.5683	7.2261	6.7770	6.6552	5.1444	3.6781	3.8343	3.2846	2.7793	2.4558	2.0574	1.7369	1.5224
云南	3.1608	3.4711	1.7953	3.5730	3.4356	2.9095	2.3451	2.4628	2.1041	1.7234	1.4919	1.2281	1.0451	0.8725
陕西	3.3898	3.2829	3.2381	2.9332	2.5219	2.2729	1.8778	1.8812	1.7156	1.4646	1.3249	1.1635	1.0949	1.0628
甘肃	4.6047	4.5521	4.2892	3.9800	3.5426	3.1026	2.5861	2.3288	2.3079	1.9642	1.8682	1.6887	1.5689	1.5073
青海	4.3910	4.2131	3.6895	3.2888	3.3252	2.7009	2.3338	2.2717	1.6382	1.4366	1.4979	1.3816	1.2537	1.2277
宁夏	12.0506	12.0896	11.5023	7.8066	7.3533	6.2256	4.9667	4.6554	4.2669	4.6481	4.0231	3.7410	3.4312	3.1678
新疆	4.1809	3.9431	3.8306	3.6168	3.4398	3.1003	2.6449	2.9340	2.3666	2.2266	2.3406	2.3303	2.3374	2.4157
西部地区平均	4.8254	4.8189	4.4595	4.0225	3.8029	3.2234	2.6531	2.6289	2.2893	2.0827	1.9169	1.7042	1.5713	1.4812
全国平均	3.7493	3.7451	3.3691	3.1408	2.9674	2.5551	2.1087	2.0708	1.8027	1.6010	1.4560	1.3042	1.2083	1.1338

于中部地区、东部地区碳排放强度。

一、二氧化碳影子价格计算结果

图 6-1 绘制了 2002~2015 年，东北地区、东部地区、中部地区、西部地区的二氧化碳影子价格平均值变化。各个地区的二氧化碳影子价格均呈现增长的趋势，其中，东部地区的增长程度远高于其他三个地区。东北地区二氧化碳影子价格平均值在 2002 年为 61.47 元/吨，在 2015 年为 277.24 元/吨；东部地区二氧化碳影子价格平均值在 2002 年为 150.15 元/吨，到 2015 年增长到471.98 元/吨；中部地区二氧化碳影子价格平均值在 2002 年为 75.10 元/吨，到 2015 年增长到 222.25 元/吨；西部地区二氧化碳影子价格平均值由 2002 年的 76.15 元/吨增长到 238.12 元/吨。东部地区相较于其他三个地区更为发达，随着工业经济的发展及温室气体排放的增加，较为发达地区的减排成本较高。

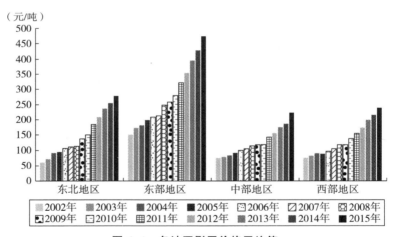

图 6-1　各地区影子价格平均值

图 6-2 绘制了样本期间各省二氧化碳影子价格走势。可以分析得出中国区域二氧化碳影子价格具有以下两个特征：

第一，各个省份二氧化碳影子价格整体呈增长的趋势，以 2008 年全球经济危机为节点，之后各省二氧化碳影子价格的增长速度显著提高。例如，北京在 2002 年二氧化碳影子价格为 170.73 元/吨，到 2015 年达到 1006.01；广东在 2002 年二氧化碳影子价格为 383.90 元/吨，到 2015 年达到 739.19 元/吨。

第二，各地区内部省市的二氧化碳影子价格分布不均。例如，2015 年东北地区二氧化碳影子价格平均值为 277.24 元/吨，标准差为 19.20；东部地区平均值为 471.98 元/吨，标准差为 225.62；中部地区平均值为 222.25 元/吨，标准差为 74.42；西部地区平均值为 238.12 元/吨，标准差为 103.47。

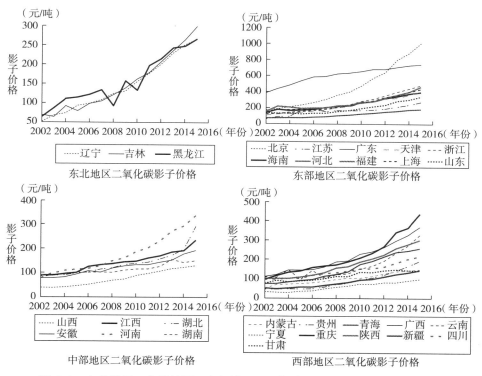

图 6-2　东北地区、东部地区、中部地区、西部地区各省份二氧化碳影子价格

二、区域碳交易潜在效应

通过计算二氧化碳影子价格，得知不同省份，二氧化碳影子价格差异较大。这意味着，不同地区的边际减排成本不同，单位二氧化碳伴随着的经济产出在不同地区不一致。从经济学的角度分析，将碳配额从二氧化碳影子价格低的省份转移至二氧化碳影子价格高的省份，有益于社会总产值的增加[198]。当各省份的二氧化碳影子价格一致时将不存在区域间实现碳交易的条件。因此，本书设立以下两个情景，分析实现区域碳交易对经济、环境的潜在影响。

情景一：按照式（6-10），假设资本存量、劳动力数量、国家总 GDP 保持、技术进步水平、技术效率、能源结构指标保持不变；全国各省市实现区域碳交易，使各个区域碳强度最小化。以 2015 年数据为例，图 6-3、图 6-4、图 6-5 展示了不同情境下，GDP 水平、碳排放水平以及碳排放强度的情况。

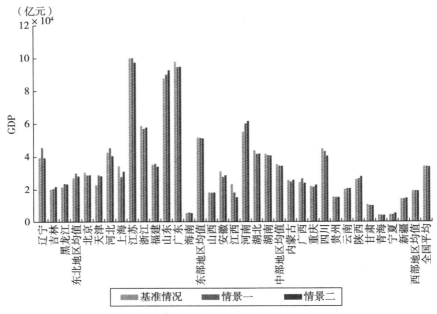

图 6-3　区域碳交易对各地区 GDP 影响

在情景一中，东北、东部、中部、西部四个地区的碳排放分布仍然不均衡；在限定总 GDP 保持不变的情况下，不同地区的二氧化碳排放差额变大。从产出的角度分析，区域间实施碳交易使得区域 GDP 的改变不大，减少量最多的为中部地区，平均 GDP 减少 1094.45 亿元。从碳排放的角度来看，在基准情况下，2015 年二氧化碳排放总量为 955660.1 万吨，在情景一约束下，二氧化碳排放总量 842994.1 万吨，减少了 112666.1 万吨，碳排放量下降了 11.79%。从四个分区来看，各个分区的碳排放量均有所下降，其中，东北地区平均二氧化碳排放量下降了 3505.81 万吨；东部地区平均二氧化碳排放量下降 2678.766 万吨；中部地区平均二氧化碳排放量下降了 5251.215 万吨；西部地区均值下降了 3986.701 万吨。发现中国中部、西部地区平均二氧化碳排放量下降程度较高，这主要是由于中部、西部相对于东部地区欠发达，通过实施

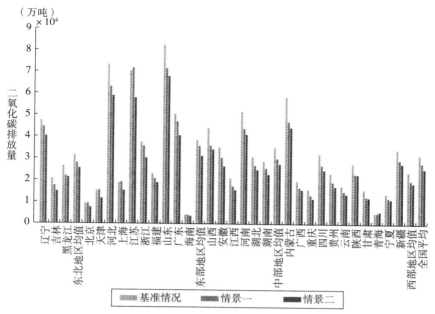

图6-4 区域碳交易对各地区二氧化碳排放影响

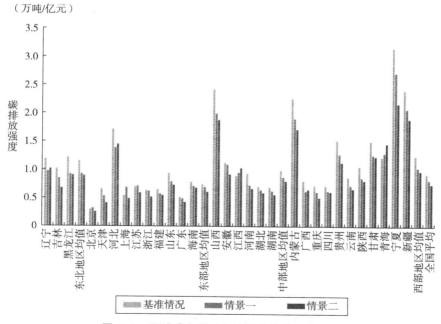

图6-5 区域碳交易对各地区碳排放强度影响

区域间碳交易，将碳配额转移至东部较发达地区。按照省份而言，碳排放减少量最多的省份为河北、山东、河南、内蒙古等人口密集型工业大省。相应地，全国各个省份地区的碳能源排放强度均呈现不同程度的下降趋势，其中，位于东北地区的碳排放量平均值下降0.2264万吨/亿元；东部地区平均碳排放强度下降0.0504万吨/亿元；中部地区平均碳排放强度下降0.1210万吨/亿元；西部地区平均碳排放强度下降0.2030万吨/亿元。从省际地角度来看，碳排放强度下降较多的省市包括河北、山西、内蒙古、宁夏、新疆。

总而言之，实施区域碳交易，有利于碳排放的减少。从碳交易流向来看，中部、西部将碳配额出售给东部地区，主要由于东部地区的生产能力较高，因此，有了多余的碳配额可以促进其经济产出，但这样会造成不发达地区经济更加落后。

情景二：情景二的假设设立了对经济增长率、环境承受能力等条件，本书将经济增长率设定为7%，碳排放比率设为0.95。按照情景二的假设，探究区域碳交易对于经济、社会的影响，结果如图6-3至图6-4所示。表6-4对情景一与情景二的仿真结果进行总结。

表6-4　2015年情景一与情景二的仿真结果

	地区划分	基准情形	情景一	情景二
平均GDP（亿元）	东北地区	27173.44	30009.85	28289.12
	东部地区	51509.57	51389.11	51055.49
	中部地区	35520.51	34426.06	34323.22
	西部地区	19292.71	19225.62	19170.15
平均二氧化碳排放量（万吨）	东北地区	31506.57	28000.76	25494.32
	东部地区	38482.52	35803.76	31269.72
	中部地区	35285.71	30034.49	27539.46
	西部地区	24054.63	20067.93	18878.92
平均碳排放强度（万吨/亿元）	东北地区	1.159462	0.933052	0.901206
	东部地区	0.747095	0.696719	0.612465
	中部地区	0.99339	0.872435	0.802357
	西部地区	1.246825	1.043812	0.984808

情景二在经济增长与环境保护的双重保护下，二氧化碳排放量减少至762085.1万吨，比基准情况下降了20.26%。GDP下降至1012233亿元，下降了0.95%。碳排放强度下降至0.7529。每个省份GDP也相应做出调整，东北地区平均GDP上升至28289.12亿元，东部地区平均GDP下降至51055.49亿元，中部地区平均GDP下降至34323.22亿元，西部地区下降至19170.15亿元。整体GDP变动程度并不高。

从二氧化碳排放的角度来看，情景二对于控制温室气体排放具有显著效果。东北地区、东部地区、中部地区、西部地区四个地区的碳排放量分别为25494.32万吨、31269.72万吨、27539.46万吨及18878.92万吨。碳排放强度均有所下降。东北地区、中部地区、西部地区的碳排放强度仍然高于东部地区，一方面由于东部地区生产技术较为发达，企业更注重转为清洁生产；另一方面由于目前中国碳交易市场多设于东部地区，如北京、上海、天津、深圳等碳交易市场对于控排企业有所规制。

情景一研究了在假设全国GDP不变的情况下，区域间实现碳交易对经济、环境的影响。但是，在实际上，GDP总量不可能保持不变。此外情景一没有对碳排放量进行限制，这就造成生产效率高的发达地区的排放量将超出其区域环境容忍程度，最后造成严重的污染。而欠发达地区也会错失发展经济的机会。这就会造成经济、环境双重不公平现象。因此，情景二的假设更接近于现实。

本章小结

本章节运用SBM方法测度了2002～2015年中国各个省份的二氧化碳影子价格，进而运用非线性规划方法，设立两个情景分别对经济发展与碳排放情况，对中国实施区域碳交易进行仿真。结果总结如下：首先，由于各地区二氧化碳影子价格存在差异，会引发区域碳交易的形成。二氧化碳影子价格在东北、东部、中部、西部地区存在一定的偏离，区域间与区域内均具有差异性。其次，以碳排放强度最小化作为优化目标，情景二对经济增长率与二氧化碳排放增长率分别进行限制的减排效果比情景一只对经济产出总量做约束的减排效果更好。根据本章节研究有如下两点启示：

第一，建立全国性碳交易市场，一方面可以将碳交易的潜在效应从理论的可能性转为实践，实现国家节能减排的目标，另一方面有助于促进碳市场的发展，减少地区碳资产的流失。

第二，通过对区域碳排放交易的模拟，证实了各个地区由于经济发展水平、技术水平存在差异，其碳排潜力有所不同，在确定各个省份二氧化碳排放额度时，经济增长与环境保护因素以及其他因素应考虑在内。

第七章
结论与展望

　　碳交易机制将市场机制与环境治理有机地结合，为解决气候变化问题提供新的思路，成为减少温室气体排放的有效手段。随着全球碳市场的快速发展，碳市场复杂的价格机制与市场机制成为重要的科学研究问题。从碳市场价格机制的角度来看，碳市场价格的形成受到边际减排成本、碳配额分配等因素的影响；碳市场运行过程中既受到宏观经济、金融市场、能源市场、国际谈判、极端天气等诸多因素的影响，又受到政府的价格调控与管理的作用。碳市场具有减少温室气体排放，实现全球节能减排目标的历史重任，区域碳市场的建立及协调发展对于实现碳市场的减排目标具有重要意义。本书从碳市场价格机制出发，运用极值理论、深度强化学习方法、统计学等理论方法着眼于碳市场间尾部相关性、价格预测、成熟度评价及区域碳市场协调发展等内容，对碳市场的一系列科学问题进行定性、定量的分析。主要研究结论如下：

　　（1）从碳价格形成机理与碳价格运行机制两个角度分析碳市场的价格机制，碳价格初始形成由碳配额供需决定；在价格运行中市场价格受到诸多因素影响，政府的价格调控与管理在一定程度上起到稳定器的作用。通过对EU ETS与中国碳市场的价格机制进行具体分析发现，EU ETS的碳市场价格机制较为完善，中国碳市场存在以下待改进之处：价格形成过程中缺乏对配额数量的精准计算，配额分配方式不合理；价格调控与管理机制不健全等。

　　（2）本书运用TQCC方法，探究全球代表性碳市场间的尾部相关性。研究发现，一方面，CCU与EUA之间具有相同方向的尾部相关性，且尾部相关性是非对称的。（CCUn，EUAn）的尾部相关性高于（CCUp，EUAp）的尾部相关性，说明市场下行的情况，更容易出现溢出效应。另一方面，中国碳市场与欧盟碳市场以及中国碳市场之间的尾部相关性较为混乱，主要原因在于中国碳市场仍处于试运行状态，市场机制不够完善，市场成交量、价格波动并不完全取决于供需变化。总而言之，目前碳金融产品尚不能作为一种良好的套期保值工具。

（3）考虑到碳市场价格受多重因素影响，具有非线性、复杂性特征，本书建立了 TCN－Seq2Seq 这种新颖的深度学习模型，分析碳价格走势。以2005～2017 年 EUA 连续期货作为研究样本，运用 ARIMA、RF、XGBoost、SVR、LSTM 作为基准方法，使用方向精度指标（DA）与水平预测准确性指标（MAPE、RMSE）作为评价标准，将建立的深度学习模型的预测结果与其他方法的预测结果进行比较。实证结果表明，相较于传统时间序列方法及机器学习方法，TCN－Seq2Seq 法的预测结果的 DA 值最高（0.9697），MAPE 值（0.0027）和 RMSE 值（0.0149）最低，说明建立的深度学习模型具有较高的预测能力。

（4）碳市场成熟度是碳市场运行状况的体现，为了研究碳市场成熟度问题，本书从社会、经济、环境三重底线出发，构建了一套科学的、全面的碳市场成熟度评价指标体系。构建粗糙 BWM-CRITIC-TOPSIS 模型对 EU ETS 和七个中国碳市场进行成熟度评价。结果证明，欧盟碳市场成熟度最高达到0.7314，中国碳市场成熟度水平较低且参差不齐，可以将中国碳市场按照成熟度水平分为三层次：第一层次为湖北和广东的碳市场，成熟度水平分别为0.4590 和 0.4504。第二层次为深圳、北京、上海碳市场，成熟度水平分别为0.3792、0.3715 和 0.3599。第三层次为天津和重庆的碳市场，成熟度水平分别为 0.2559 和 0.1845。通过对碳市场成熟度的评价，为发展中国碳市场、完善碳市场机制提供科学依据。

（5）碳市场成立的本意在于控制温室气体排放总量，建立统一性碳市场，实现区域碳市场协调发展是碳市场机制持续发展的必经之路。目前中国还没有建立起真正统一性碳市场，本书从区域二氧化碳影子价格差异研究出发，以碳排放强度最小化作为优化目标，设立两种区域碳交易情景，研究区域实现碳交易对经济、环境的影响。研究结果表明，2002～2015 年，全国碳排放强度呈下降的趋势。各地区碳排放强度分布不均匀，西部欠发达地区碳排放强度最高，东部发达地区碳排放强度最低，东北地区、中部地区碳排放强度居中。影子价格各区域存在差异，以 2015 年为例，北京二氧化碳影子价格最高，宁夏二氧化碳影子价格最低。总体而言，东部发达地区碳排放影子价格高于其他地区。此外，通过对两种情景的对比，发现在对经济增长、环境进行双重约束的情景下，减排效果更显著。本书证实了实现区域碳交易的重要性，为中国区域碳市场建立提供科学依据。

主要创新点集中在以下五个方面：

（1）从碳价格形成机理、碳价格运行机制两方面厘清碳市场价格机制，并对典型的碳市场（EU ETS 与中国碳市场）的价格机制进行系统地分析。对碳市场价格机制有了深刻的认识，通过对比分析得到中国碳市场价格机制存在的问题。

（2）首次采用 TQCC 模型研究发达国家间碳市场、发达国家与发展中国家间碳市场以及发展中国家间碳市场的尾部相关结构，并分析其原因；探索了不同碳市场的碳金融产品之间能否作为一种有效的套利工具进行投资。

（3）首次将深度学习模型应用于碳市场研究中，结合碳市场数据的特征，建立了适用于小样本的深度学习模型以挖掘数据的特征，探索了人工智能前沿方法在碳金融领域的应用前景。

（4）从经济、环境、社会三个层面构成一个全面的、系统的、科学的评价碳市场成熟度的指标体系，并首次引用粗糙集理论将主客观权重结合的方法应用于碳市场成熟度评价中，分析碳市场成熟度水平的差异。

（5）运用情景分析法分析了中国实现区域碳交易对经济、环境等方面的潜在效应。实证结果表明，中国实现区域碳交易对于实现减排目标具有重要意义。研究结果对于建立中国统一性碳市场提供参考。

虽然对碳市场的一系列科学问题做出了一些创新性贡献，但碳市场是一个复杂的新兴市场，其特殊性决定了本书的工作还有不足之处，有很大的改进空间，具体表现在以下四个方面：

第一，在市场尾部相关性的研究中，运用 TQCC 方法研究碳市场间的关系，计算的尾部相关系数是一个静态指标，在未来的研究中可以根据碳价格时间序列分布特征，构建适用于碳价格的动态尾部相关性研究方法进行研究。

第二，在研究碳价格预测的实验设计方面，在样本选择上只选择了欧盟碳交易市场为例，在未来的研究中可以引入其他碳市场作为研究样本做全方位的综合研究分析。

第三，在碳市场成熟研究中，选用了主客观相结合的研究方法，在未来研究中可以考虑网络模型对模型进行改进，对碳市场成熟度进行评估。

第四，在碳市场区域协调发展的研究中，在建立情景分析时，采用柯布-道格拉斯生产函数，在未来研究中可以考虑用超对数生产函数、生产前沿函数等其他生产函数确定产出，进行横向比较。

参考文献

［1］Tang L, Wu J, Yu L, et al. Carbon Emissions Trading Scheme Exploration in China: A Multi-agent-based Model ［J］. Energy Policy, 2015（81）: 152-169.

［2］Carlén B, Dahlqvist A, Mandell S, et al. EU ETS Emissions under the Cancellation Mechanism-Effects of National Measures ［J］. Energy Policy, 2019（129）: 816-825.

［3］Xiong L, Shen B, Qi S, et al. The Allowance Mechanism of China's Carbon Trading Pilots: A Comparative Analysis with Schemes in EU and California ［J］. Applied Energy, 2017（185）: 1849-1859.

［4］Li M, Weng Y, Duan M. Emissions, Energy and Economic Impacts of Linking China's National ETS with the EU ETS ［J］. Applied Energy, 2019（235）: 1235-1244.

［5］UNFCCC. The Copenhagen Accord, Appendix Ⅱ-Nationally Appropriate Mitigation Actions of Developing Country Parties ［R］. 2010, http://unfccc.int/files/meetings/cop_15/copenhagen_accord.

［6］Weng Q, Xu H. A Review of China's Carbon Trading Market ［J］. Renewable and Sustainable Energy Reviews, 2018（91）: 613-619.

［7］Aatola P, Ollikainen M, Toppinen A. Price Determination in the EU ETS Market: Theory and Econometric Analysis with Market Fundamentals ［J］. Energy Economics, 2013（36）: 380-395.

［8］Tan X, Wang X. The Market Performance of Carbon Trading in China: A Theoretical Framework of Structure-conduct-performance ［J］. Journal of Cleaner Production, 2017（159）: 410-424.

［9］Wei C, Löschel A, Liu B. An Empirical Analysis of the CO_2 Shadow Price in Chinese Thermal Power Enterprises ［J］. Energy Economics, 2013（40）: 22-31.

［10］ Lee C Y, Zhou P. Directional Shadow Price Estimation of CO_2, SO_2 and NOx in the United States Coal Power Industry 1990-2010 ［J］. Energy Economics, 2015（51）：493-502.

［11］ Wei C, Löschel A, Liu B. An Empirical Analysis of the CO_2 Shadow Price in Chinese Thermal Power Enterprises ［J］. Energy Economics, 2013（40）：22-31.

［12］ Maradan D, Vassiliev A. Marginal Costs of Carbon Dioxide Abatement：Empirical Evidence from Cross-country Analysis ［J］. Swiss Journal of Economics & Statistics, 2005, 141（3）：377-410.

［13］ Liu J Y, Feng C. Marginal Abatement Costs of Carbon Dioxide Emissions and Its Influencing Factors：A Global Perspective ［J］. Journal of Cleaner Production, 2018（170）：1433-1450.

［14］ Du L, Hanley A, Wei C. Estimating the Marginal Abatement Cost Curve of CO_2 Emissions in China：Provincial Panel Data Analysis ［J］. Energy Economics, 2015（48）：217-229.

［15］ Wang Q, Cui Q, Zhou D, et al. Marginal Abatement Costs of Carbon Dioxide in China：a Nonparametric Analysis ［J］. Energy Procedia, 2011（5）：2316-2320.

［16］ Peng J, Yu B Y, Liao H, et al. Marginal Abatement Costs of CO_2 Emissions in the Thermal Power Sector：A Regional Empirical Analysis from China ［J］. Journal of Cleaner Production, 2018（171）：163-174.

［17］ Choi Y, Zhang N, Zhou P. Efficiency and Abatement Costs of Energy-related CO_2 Emissions in China：A Slacks-based Efficiency Measure ［J］. Applied Energy, 2012（98）：198-208.

［18］ 刘明磊, 朱磊, 范英. 我国省级碳排放绩效评价及边际减排成本估计：基于非参数距离函数方法 ［J］. 中国软科学, 2011（3）：106-114.

［19］ Lee M, Zhang N. Technical Efficiency, Shadow Price of Carbon Dioxide Emissions, and Substitutability for Energy in the Chinese Manufacturing Industries ［J］. Energy Economics, 2012, 34（5）：1492-1497.

［20］ Du L, Mao J. Estimating the Environmental Efficiency and Marginal CO_2 Abatement Cost of Coal-fired Power Plants in China ［J］. Energy Policy, 2015（85）：347-356.

［21］ Du L, Hanley A, Zhang N. Environmental Technical Efficiency, Technology Gap and Shadow Price of Coal－fuelled Power Plants in China: A Parametric Meta－frontier Analysis ［J］. Resource and Energy Economics, 2016 (43): 14－32.

［22］ Milliman S R, Prince R. Firm Incentives to Promote Technological Change in Pollution Control ［J］. Journal of Environmental Economics and Management, 1989, 17 (3): 247－265.

［23］ Zhang Y J, Wang A D, Tan W. The Impact of China's Carbon Allowance Allocation Rules on the Product Prices and Emission Reduction Behaviors of ETS－covered Enterprises ［J］. Energy Policy, 2015 (86): 176－185.

［24］ Böhringer C, Lange A. On the Design of Optimal Grandfathering Schemes for Emission Allowances ［J］. European Economic Review, 2005, 49 (8): 2041－2055.

［25］ Mackenzie I A, Hanley N, Kornienko T. The Optimal Initial Allocation of Pollution Permits: A Relative Performance Approach ［J］. Environmental and Resource Economics, 2008, 39 (3): 265－282.

［26］ Lennox J A, Van Nieuwkoop R. Output－based Allocations and Revenue Recycling: Implications for the New Zealand Emissions Trading Scheme ［J］. Energy Policy, 2010, 38 (12): 7861－7872.

［27］ Cramton P, Kerr S. Tradeable Carbon Permit Auctions: How and Why to Auction not Grandfather ［J］. Energy policy, 2002, 30 (4): 333－345.

［28］ Sartor O, Pallière C, Lecourt S. Benchmark－based Allocations in EU ETS Phase 3: an Early Assessment ［J］. Climate Policy, 2014, 14 (4): 507－524.

［29］ Ellerman A D, Convery F J, De Perthuis C. Pricing Carbon: the European Union Emissions Trading Scheme ［M］. Cambridge University Press, 2010.

［30］ Benz E, Trück S. Modeling the Price Dynamics of CO_2 Emission Allowances ［J］. Energy Economics, 2009, 31 (1): 4－15.

［31］ Reboredo J C, Ugando M. Downside Risks in EU Carbon and Fossil Fuel Markets ［J］. Mathematics and Computers in Simulation, 2015 (111): 17－35.

［32］ Mansanet－Bataller M, Pardo A, Valor E. CO2 Prices, Energy and Weather ［J］. The Energy Journal, 2007, 28 (3): 73－92.

［33］ Koch N, Fuss S, Grosjean G, et al. Causes of the EU ETS Price Drop: Recession, CDM, Renewable Policies or A Bit of Everything? —New Evidence

［J］. Energy Policy, 2014（73）: 676-685.

［34］ Gronwald M, Ketterer J, Trück S. The Relationship between Carbon, Commodity and Financial Markets: A Copula Analysis ［J］. Economic Record, 2011（87）: 105-124.

［35］ 朱帮助. 国际碳市场价格驱动力研究 ［J］. 北京理工大学学报（社会科学版）, 2014, 16（3）.

［36］ Tan X P, Wang X Y. Dependence Changes between the Carbon Price and its Fundamentals: A Quantile Regression Approach ［J］. Applied Energy, 2017（190）: 306-325.

［37］ Koch N. Dynamic Linkages Among Carbon, Energy and Financial Markets: A Smooth Transition Approach ［J］. Applied Economics, 2014, 46（7）: 715-729.

［38］ Chevallier J. Carbon Futures and Macroeconomic Risk Factors: A View from the EU ETS ［J］. Energy Economics, 2009, 31（4）: 614-625.

［39］ Chevallier J. A Model of Carbon Price Interactions with Macroeconomic and Energy Dynamics ［J］. Energy Economics, 2011, 33（6）: 1295-1312.

［40］ Zeng S, Nan X, Liu C, et al. The Response of the Beijing Carbon Emissions Allowance Price（BJC）to Macroeconomic and Energy Price Indices ［J］. Energy Policy, 2017（106）: 111-121.

［41］ Hintermann B, Peterson S, Rickels W. Price and Market Behavior in Phase Ⅱ of the EU ETS: A Review of the Literature ［J］. Review of Environmental Economics and Policy, 2016, 10（1）: 108-128.

［42］ Haar L N, Haar L. Policy-making Under Uncertainty: Commentary Upon the European Union Emissions Trading Scheme ［J］. Energy Policy, 2006, 34（17）: 2615-2629.

［43］ Alberola E, Chevallier J, Chèze B. Emissions Compliances and Carbon Prices under the EU ETS: A Country Specific Analysis of Industrial Sectors Emissions Compliances and Carbon Price ［R］. HAL, 2009.

［44］ Alberola E, Chevallier J, Chèze B. Price Drivers and Structural Breaks in European Carbon Prices 2005-2007 ［J］. Energy policy, 2008, 36（2）: 787-797.

［45］ Seifert J, Uhrig-Homburg M, Wagner M. Dynamic Behavior of CO_2 Spot Prices ［J］. Journal of Environmental Economics and Management, 2008, 56（2）:

180-194.

[46] Chevallier J, Ielpo F, Mercier L. Risk Aversion and Institutional Information Disclosure on the European Carbon Market: A Case-study of the 2006 Compliance Event [J]. Energy Policy, 2009, 37 (1): 15-28.

[47] Bird L A, Holt E, Carroll G L. Implications of Carbon Cap-and-trade for US Voluntary Renewable Energy Markets [J]. Energy Policy, 2008, 36 (6): 2063-2073.

[48] Batista F R S, de Melo A C G, Teixeira J P, et al. The Carbon Market Incremental Payoff in Renewable Electricity Generation Projects in Brazil: A Real Options Approach [J]. IEEE Transactions on Power Systems, 2011, 26 (3): 1241-1251.

[49] Lutz B J, Pigorsch U, Rotfuß W. Nonlinearity in Cap-and-trade Systems: The EUA Price and Its Fundamentals [J]. Energy Economics, 2013 (40): 222-232.

[50] Oberndorfer U. EU Emission Allowances and the Stock Market: Evidence from the Electricity Industry [J]. Ecological Economics, 2009, 68 (4): 1116-1126.

[51] Veith S, Werner J R, Zimmermann J. Capital Market Response to Emission Rights Returns: Evidence from the European Power Sector [J]. Energy Economics, 2009, 31 (4): 605-613.

[52] Mo J L, Zhu L, Fan Y. The Impact of the EU ETS on the Corporate Value of European Electricity Corporations [J]. Energy, 2012, 45 (1): 3-11.

[53] Zhang F, Fang H, Wang X. Impact of Carbon Prices on Corporate Value: The Case of China's Thermal Listed Enterprises [J]. Sustainability, 2018, 10 (9): 3328.

[54] Chan H S, Li S, Zhang F. Firm Competitiveness and the European Union Emissions Trading Scheme [M]. The World Bank, 2013.

[55] Keppler J H, Cruciani M. Rents in the European Power Sector Due to Carbon Trading [J]. Energy Policy, 2010, 38 (8): 4280-4290.

[56] Bode S. Multi-period Emissions Trading in the Electricity Sector-winners and Losers [J]. Energy Policy, 2006, 34 (6): 680-691.

[57] da Silva P P, Moreno B, Figueiredo N C. Firm-specific Impacts of CO_2

Prices on the Stock Market Value of the Spanish Power Industry［J］. Energy Policy, 2016（94）: 492-501.

［58］ Moreno B, da Silva P P. How do Spanish Polluting Sectors' Stock Market Returns React to European Union Allowances Prices? A Panel Data Approach ［J］. Energy, 2016（103）: 240-250.

［59］ Bushnell J B, Chong H, Mansur E T. Profiting from Regulation: Evidence from the European Carbon Market［J］. American Economic Journal: Economic Policy, 2013, 5（4）: 78-106.

［60］ Jong T, Couwenberg O, Woerdman E. Does EU Emissions Trading Bite? An Event Study［J］. Energy Policy, 2014（69）: 510-519.

［61］ Brouwers R, Schoubben F, Van Hulle C, et al. The Initial Impact of EU ETS Verification Events on Stock Prices［J］. Energy Policy, 2016（94）: 138-149.

［62］ Chevallier J. Anticipating Correlations between EUAs and CERs: A Dynamic Conditional Correlation GARCH Model［J］. Economics Bulletin, 2011, 31（1）: 255-272.

［63］ Barrieu P M, Fehr M. Integrated EUA and CER Price Modeling and Application for Spread Option Pricing［J］. Available at SSRN 1737637, 2011.

［64］ Kanamura T. Dynamic Price Linkage and Volatility Structure Model between Carbon Markets［A］//Stochastic Models, Statistics and Their Applications ［C］. Springer, Cham, 2015: 301-308.

［65］ Mansanet Bataller M, Chevallier J, Hervé-Mignucci M, et al. The EUA-sCER Spread: Compliance Strategies and Arbitrage in the European Carbon Market ［J］. Social Science Electronic Publishing, 2010, 39（3）: 1056-1069.

［66］ Nazifi F. Modelling the Price Spread between EUA and CER Carbon Prices［J］. Energy Policy, 2013（56）: 434-445.

［67］ Kanamura T. Role of Carbon Swap Trading and Energy Prices in Price Correlations and Volatilities between Carbon Markets［J］. Energy Economics, 2016（54）: 204-212.

［68］ Koop G, Tole L. Modeling the Relationship between European Carbon Permits and Certified Emission Reductions［J］. Journal of Empirical Finance, 2013（24）: 166-181.

［69］Byun S J, Cho H. Forecasting Carbon Futures Volatility Using GARCH Models with Energy Volatilities ［J］. Energy Economics, 2013 （40）: 207-221.

［70］García-Martos C, Rodríguez J, Sánchez M J. Modelling and Forecasting Fossil Fuels, CO_2 and Electricity Prices and Their Volatilities ［J］. Applied Energy, 2013 （101）: 363-375.

［71］Chevallier J. Nonparametric Modeling of Carbon Prices ［J］. Energy Economics, 2011, 33 （6）: 1267-1282.

［72］Chevallier J. Evaluating the Carbon-macroeconomy Relationship: Evidence from Threshold Vector Error-correction and Markov-switching VAR Models ［J］. Economic Modelling, 2011, 28 （6）: 2634-2656.

［73］Chevallier J. Detecting Instability in the Volatility of Carbon Prices ［J］. Energy Economics, 2011, 33 （1）: 99-110.

［74］Zhao X, Han M, Ding L, et al. Usefulness of Economic and Energy Data at Different Frequencies for Carbon Price Forecasting in the EU ETS ［J］. Applied Energy, 2018 （216）: 132-141.

［75］Atsalakis G S. Using Computational Intelligence to Forecast Carbon Prices ［J］. Applied Soft Computing, 2016 （43）: 107-116.

［76］Zhu B, Ye S, Wang P, et al. A Novel Multiscale Nonlinear Ensemble Leaning Paradigm for Carbon Price Forecasting ［J］. Energy Economics, 2018 （70）: 143-157.

［77］Zhu B, Han D, Wang P, et al. Forecasting Carbon Price Using Empirical Mode Decomposition and Evolutionary Least Squares Support Vector Regression ［J］. Applied Energy, 2017 （191）: 521-530.

［78］Zhang J, Li D, Hao Y, et al. A Hybrid Model Using Signal Processing Technology, Econometric Models and Neural Network for Carbon Spot Price Forecasting ［J］. Journal of Cleaner Production, 2018 （204）: 958-964.

［79］Chevallier J. A Note on Cointegrating and Vector Autoregressive Relationships between CO_2 Allowances Spot and Futures Prices ［J］. Economics Bulletin, 2010, 30 （2）: 1564-1584.

［80］蒋晶晶, 叶斌, 马晓明. 基于 GARCH-EVT-VaR 模型的碳市场风险计量实证研究 ［J］. 北京大学学报（自然科学版）, 2015, 51 （3）: 511-517.

［81］Chevallier J. Econometric Analysis of Carbon Markets: The European Union Emissions Trading Scheme and the Clean Development Mechanism ［M］. Springer Science & Business Media, 2011.

［82］Tang B, Shen C, Zhao Y. Market Risk in Carbon Market：An Empirical Analysis of the EUA and sCER ［J］. Natural Hazards, 2015, 75（2）：333-346.

［83］Paolella M S, Taschini L. An Econometric Analysis of Emission Allowance Prices ［J］. Journal of Banking & Finance, 2008, 32（10）：2022-2032.

［84］风振华，魏一鸣. 欧盟碳市场系统风险和预期收益的实证研究 ［J］. 管理学报, 2011, 8（3）：451-455.

［85］Gravelle T, Li F. Measuring Systemic Importance of Financial Institutions：An Extreme Value Theory Approach ［J］. Journal of Banking & Finance, 2013, 37（7）：2196-2209.

［86］Marimoutou V, Raggad B, Trabelsi A. Extreme Value Theory and Value at Risk：Application to Oil Market ［J］. Energy Economics, 2009, 31（4）：519-530.

［87］Gençay R, Selçuk F. Extreme Value Theory and Value-at-Risk：Relative Performance in Emerging Markets ［J］. International Journal of Forecasting, 2004, 20（2）：287-303.

［88］Feng Z H, Wei Y M, Wang K. Estimating Risk for the Carbon Market Via Extreme Value Theory：An Empirical Analysis of the EU ETS ［J］. Applied Energy, 2012（99）：97-108.

［89］风振华. 碳市场复杂系统价格波动机制与风险管理研究 ［D］. 中国科学技术大学博士学位论文, 2012.

［90］Fuentes-Albero C, Rubio S J. Can international Environmental Cooperation be Bought? ［J］. European Journal of Operational Research, 2010, 202（1）：255-264.

［91］余光英，祁春节. 国际碳减排利益格局：合作及其博弈机制分析 ［J］. 中国人口·资源与环境, 2010, 20（5）：17-21.

［92］曲如晓，吴洁. 碳排放权交易的环境效应及对策研究 ［J］. 北京师范大学学报（社会科学版）, 2009（6）：127-134.

［93］TuerkA, Mehling M, Flachsland C, et al. Linking Carbon Markets：Concepts, Case Studies and Pathways ［J］. Climate Policy, 2009, 9（4）：341-357.

［94］Zhang X, Qi T, Ou X, et al. The Role of Multi-region Integrated Emissions Trading Scheme：A Computable General Equilibrium Analysis ［J］. Applied Energy, 2017（185）：1860-1868.

［95］Fan Y, Wu J, Xia Y, et al. How will A Nationwide Carbon Market Affect Regional Economies and Efficiency of CO_2 Emission Reduction in China? ［J］. China Economic Review, 2016（38）：151-166.

［96］Tang L, Wu J, Yu L, et al. Carbon Allowance Auction Design of China's Emissions Trading Scheme：A Multi-agent-based Approach ［J］. Energy Policy, 2017（102）：30-40.

［97］He W, Wang B, Wang Z. Will Regional Economic Integration Influence Carbon Dioxide Marginal Abatement Costs? Evidence from Chinese Panel Data ［J］. Energy Economics, 2018（74）：263-274.

［98］Zhang Z. Quotient Correlation：A Sample Based Alternative to Pearson's Correlation ［J］. The Annals of Statistics, 2008, 36（2）：1007-1030.

［99］Hahn R, Noll R. Designing an Efficient Permits Market ［J］. Implementing Tradeable Permits for Sulfur Oxide Emissions, 1982（2）：102-134.

［100］Stavins R N. Transaction Costs and Tradeable Permits ［J］. Journal of Environmental Economics and Management, 1995, 29（2）：133-148.

［101］Hahn R W, Stavins R N. The Effect of Allowance Allocations on Cap-and-trade System Performance ［J］. The Journal of Law and Economics, 2011, 54（S4）：S267-S294.

［102］Burtraw D, McCormack K. Consignment Auctions of Free Emissions Allowances ［J］. Energy Policy, 2017（107）：337-344.

［103］Hausker K. The Politics and Economics of Auction Design in the Market for Sulfur Dioxide Pollution ［J］. Journal of Policy Analysis and Management, 1992, 11（4）：553-572.

［104］Ellerman A D, Joskow P L, Schmalensee R, et al. Markets for Clean Air：The US Acid Rain Program ［M］. Cambridge University Press, 2000.

［105］莫建雷, 朱磊, 范英. 碳市场价格稳定机制探索及对中国碳市场建设的建议 ［J］. 气候变化研究进展, 2013, 9（5）：368-375.

［106］Chang K, Chen R, Chevallier J. Market Fragmentation, Liquidity Measures and Improvement Perspectives from China's Emissions Trading Scheme Pilots [J]. Energy Economics, 2018 (75): 249-260.

[107] Zhang Y J, Wei Y M. An Overview of Current Research on EU ETS: Evidence from Its Operating Mechanism and Economic Effect [J]. Applied Energy, 2010, 87 (6): 1804-1814.

[108] Subramaniam N, Wahyuni D, Cooper B J, et al. Integration of Carbon Risks and Opportunities in Enterprise Risk Management Systems: Evidence from Australian Firms [J]. Journal of Cleaner Production, 2015 (96): 407-417.

[109] Fan J H, Roca E, Akimov A. Estimation and Performance Evaluation of Optimal Hedge Ratios in the Carbon Market of the European Union Emissions Trading Scheme [J]. Australian Journal of Management, 2014, 39 (1): 73-91.

[110] Lucia J J, Mansanet-Bataller M, Pardo Á. Speculative and Hedging Activities in the European Carbon Market [J]. Energy Policy, 2015 (82): 342-351.

[111] Sibuya M. Bivariate Extreme Statistics, I [J]. Annals of the Institute of Statistical Mathematics, 1959, 11 (2): 195-210.

[112] Ledford A W, Tawn J A. Diagnostics for Dependence within Time Series Extremes [J]. Journal of the Royal Statistical Society: Series B (Statistical Methodology), 2003, 65 (2): 521-543.

[113] Schlather M, Tawn J A. A Dependence Measure for Multivariate and Spatial Extreme Values: Properties and Inference [J]. Biometrika, 2003, 90 (1): 139-156.

[114] De Haan L, Resnick S I. Estimating the Limit Distribution of Multivariate Extremes [J]. Stochastic Models, 1993, 9 (2): 275-309.

[115] Ledford A W, Tawn J A. Statistics for Near Independence in Multivariate Extreme Values [J]. Biometrika, 1996, 83 (1): 169-187.

[116] Ledford A W, Tawn J A. Modelling Dependence within Joint Tail Regions [J]. Journal of the Royal Statistical Society: Series B (Statistical Methodology), 1997, 59 (2): 475-499.

[117] Embrechts P, Kluppelberg C, Mikosch T. Modelling Extremal Events [J]. British Actuarial Journal, 1999, 5 (2): 465-465.

[118] Poon S H, Rockinger M, Tawn J. Extreme Value Dependence in Financial Markets: Diagnostics, Models, and Financial Implications [J]. The Review of Financial Studies, 2003, 17 (2): 581-610.

［119］ Lo，Alex Y. Carbon Trading in a Socialist Market Economy：Can China Make A Difference？［J］. Ecological Economics，2013（87）：72-74.

［120］ Liu L，Chen C，Zhao Y，et al. China's Carbon-emissions Trading：Overview，Challenges and Future［J］. Renewable and Sustainable Energy Reviews，2015（49）：254-266.

［121］ Zhang Z X. Carbon Emissions Trading in China：the Evolution From Pilots to A Nationwide Scheme［J］. Climate Policy，2015，15（sup1）：S104-S126.

［122］ Fan J H，Todorova N. Dynamics of China's Carbon Prices in the Pilot Trading Phase［J］. Applied Energy，2017（208）：1452-1467.

［123］ Zhu B，Wei Y. Carbon Price Forecasting with A Novel Hybrid ARIMA and Least Squares Support Vector Machines Methodology［J］. Omega，2013，41（3）：517-524.

［124］ Seifert J，Uhrig-Homburg M，Wagner M. Dynamic Behavior of CO_2 Spot Prices［J］. Journal of Environmental Economics and Management，2008，56（2）：180-194.

［125］ Creti A，Jouvet P A，Mignon V. Carbon Price Drivers：Phase I Versus Phase II Equilibrium？［J］. Energy Economics，2012，34（1）：327-334.

［126］ Hintermann B. Allowance Price Drivers in the First Phase of the EU ETS［J］. Journal of Environmental Economics and Management，2010，59（1）：43-56.

［127］ Keppler J H，Mansanet-Bataller M. Causalities between CO_2，Electricity，and Other Energy Variables During Phase I and Phase II of the EU ETS［J］. Energy Policy，2010，38（7）：3329-3341.

［128］ Zhu B，Chevallier J. Carbon Price Forecasting with A Hybrid Arima and Least Squares Support Vector Machines Methodology［A］//Pricing and Forecasting Carbon Markets［C］. Springer，Cham，2017：87-107.

［129］ Mohammadi H，Su L. International Evidence on Crude Oil Price Dynamics：Applications of ARIMA-GARCH Models［J］. Energy Economics，2010，32（5）：1001-1008.

［130］ Zhu B，Han D，Wang P，et al. Forecasting Carbon Price Using Empirical Mode Decomposition and Evolutionary Least Squares Support Vector Regression［J］. Applied Energy，2017（191）：521-530.

［131］ Mei J, He D, Harley R, et al. A Random Forest Method for Real-time Price Forecasting in New York Electricity Market［A］//2014 IEEE PES General Meeting｜Conference & Exposition［C］. IEEE, 2014：1-5.

［132］ Ballings M, Van den Poel D, Hespeels N, et al. Evaluating Multiple Classifiers for Stock Price Direction Prediction［J］. Expert Systems with Applications, 2015, 42（20）：7046-7056.

［133］ Gumus M, Kiran M S. Crude Oil Price Forecasting Using XGBoost［A］//2017 International Conference on Computer Science and Engineering（UB-MK）［C］. IEEE, 2017：1100-1103.

［134］ Yu K, Jia L, Chen Y, et al. Deep Learning：Yesterday, Today, and Tomorrow［J］. Journal of computer Research and Development, 2013, 50（9）：1799-1804.

［135］ 孙志军, 薛磊, 许阳明等. 深度学习研究综述［J］. 计算机应用研究, 2012, 29（8）：2806-2810.

［136］ Nelson D M Q, Pereira A C M, de Oliveira R A. Stock Market's Price Movement Prediction with LSTM Neural Networks［A］//2017 International Joint Conference on Neural Networks（IJCNN）［C］. IEEE, 2017：1419-1426.

［137］ Cho K, Merrienboer B V, Gulcehre C, et al. Learning Phrase Representations using RNN Encoder-Decoder for Statistical Machine Translation［J］. Computer Science, 2014. Available online：https：//arxiv. org/pdf/1406. 1078. pdf? source=post_page.

［138］ Waibel A, Hanazawa T, Hinton G, et al. Phoneme Recognition Using Time-delay Neural Networks［J］. Backpropagation：Theory, Architectures and Applications, 1995：35-61.

［139］ Mansanet-Bataller M, Pardo A. CO_2 Prices and Portfolio Management［J］. International Journal of Global Energy Issues, 2011, 35（2-4）：158-177.

［140］ Breiman L. Random forests［J］. Machine learning, 2001, 45（1）：5-32.

［141］ Chen T, Guestrin C. XGBoost：A Scalable Tree Boosting System［J］. 2016.

［142］ Nobre J, Neves R F. Combining Principal Component Analysis, Discrete Wavelet Transform and XGBoost to Trade in the Financial Markets［J］. Expert

Systems with Applications, 2019 (125): 181-194.

[143] Goodfellow S D, Goodwin A, Greer R, et al. Classification of Atrial Fibrillation Using Multidisciplinary Features and Gradient Boosting [C]. Computing in Cardiology (CinC). IEEE, 2017: 1-4.

[144] Vapnik V. The Nature of Statistical Learning Theory [M]. Springer Science & Business Media, 2013.

[145] Yu L, Wang S, Lai K K, et al. A Multiscale Neural Network Learning Paradigm for Financial Crisis Forecasting [J]. Neurocomputing, 2010, 73 (4-6): 716-725.

[146] Xie G, Wang S, Zhao Y, et al. Hybrid Approaches Based on LSSVR Model for Container Throughput Forecasting: A Comparative Study [J]. Applied Soft Computing, 2013, 13 (5): 2232-2241.

[147] Drachal K. Forecasting Spot Oil Price in A Dynamic Model Averaging Framework-Have the Determinants Changed Over Time? [J]. Energy Economics, 2016 (60): 35-46.

[148] Chiroma H, Abdulkareem S, Herawan T. Evolutionary Neural Network Model for West Texas Intermediate Crude Oil Price Prediction [J]. Applied Energy, 2015 (142): 266-273.

[149] Mostafa M M, El-Masry A A. Oil Price Forecasting Using Gene Expression Programming and Artificial Neural Networks [J]. Economic Modelling, 2016 (54): 40-53.

[150] Bengio Y, Courville A, Vincent P. Representation Learning: A Review and New Perspectives [J]. IEEE Transactions on Pattern Analysis and Machine Intelligence, 2013, 35 (8): 1798-1828.

[151] Munnings C, Morgenstern R D, Wang Z, et al. Assessing the Design of Three Carbon Trading Pilot Programs in China [J]. Energy Policy, 2016 (96): 688-699.

[152] Zhang D, Karplus V J, Cassisa C, et al. Emissions Trading in China: Progress and Prospects [J]. Energy Policy, 2014 (75): 9-16.

[153] Liu L, Chen C, Zhao Y, et al. China's Carbon-emissions Trading: Overview, Challenges and Future [J]. Renewable and Sustainable Energy Reviews, 2015 (49): 254-266.

［154］ Delarue E, Lamberts H, D'haeseleer W. Simulating Greenhouse Gas (GHG) Allowance Cost and GHG Emission Reduction in Western Europe ［J］. Energy, 2007, 32 (8): 1299-1309.

［155］ Qin Q, Liu Y, Li X, et al. A Multi-criteria Decision Analysis Model for Carbon Emission Quota Allocation in China's East Coastal Areas: Efficiency and Equity ［J］. Journal of Cleaner Production, 2017 (168): 410-419.

［156］ Hu Y J, Li X Y, Tang B J. Assessing the Operational Performance and Maturity of the Carbon Trading Pilot Program: The Case Study of Beijing's Carbon Market ［J］. Journal of Cleaner Production, 2017 (161): 1263-1274.

［157］ Yi L, Li Z, Yang L, et al. Comprehensive Evaluation on the "Maturity" of China's Carbon Markets ［J］. Journal of Cleaner Production, 2018 (198): 1336-1344.

［158］ Paulk M C, Curtis B, Chrissis M B, et al. Capability Maturity Model for Software, Software Engineering Institute ［R］. CMU/SEI – 91 – TR – 24, ADA240603, 1991.

［159］ Layne K, Lee J. Developing Fully Functional E-government: A Four Stage Model ［J］. Government Information Quarterly, 2001, 18 (2): 122-136.

［160］ Hillson D A. Towards A Risk Maturity Model ［J］. The International Journal of Project & Business Risk Management, 1997, 1 (1): 35-45.

［161］ Keogh G, D'Arcy É. Market Maturity and Property Market Behaviour: A European Comparison of Mature and Emergent Markets ［J］. Journal of Property Research, 1994, 11 (3): 215-235.

［162］ Chin W, Dent P, Roberts C. An Exploratory Analysis of Barriers to Investment and Market Maturity in Southeast Asian Cities ［J］. Journal of Real Estate Portfolio Management, 2006, 12 (1): 49-57.

［163］ Keohane N, Petsonk A, Hanafi A. Toward A Club of Carbon Markets ［J］. Climatic Change, 2017, 144 (1): 81-95.

［164］ Elkington J. Partnerships from Cannibals with Forks: The Triple Bottom Line of 21st-Century Business ［J］. Environmental Quality Management, 1998, 8 (1): 37-51.

［165］ Hepburn C, Grubb M, Neuhoff K, et al. Auctioning of EU ETS Phase II Allowances: How and Why? ［J］. Climate Policy, 2006, 6 (1): 137-160.

［166］Calel R, Dechezlepretre A. Environmental Policy and Directed Technological Change: Evidence from the European Carbon Market ［J］. Review of Economics and Statistics, 2016, 98（1）: 173-191.

［167］Cong R G, Wei Y M. Experimental Comparison of Impact of Auction Format on Carbon Allowance Market ［J］. Renewable and Sustainable Energy Reviews, 2012, 16（6）: 4148-4156.

［168］Ellerman D, Convery F, De Perthuis C. The European Carbon Market in Action: Lessons from the First Trading Period ［J］. Journal for European Environmental & Planning Law, 2008, 5（2）: 215-233.

［169］Ellerman A D, Joskow P L. The European Union's Emissions Trading System in Perspective ［M］. Arlington, VA: Pew Center on Global Climate Change, 2008.

［170］Alberola E, Chevallier J, Chèze B. The EU Emissions Trading Scheme: The Effects of Industrial Production and CO_2 Emissions on Carbon Prices ［J］. Economie Internationale, 2008（4）: 93-125.

［171］Fleming M J, Remolona E M. Price Formation and Liquidity in the US Treasury Market: The Response to Public Information ［J］. The Journal of Finance, 1999, 54（5）: 1901-1915.

［172］Daskalakis G, Markellos R N. Are the European Carbon Markets Efficient ［J］. Review of Futures Markets, 2008, 17（2）: 103-128.

［173］Lo A Y, Cong R. After CDM: Domestic Carbon Offsetting in China ［J］. Journal of Cleaner Production, 2017（141）: 1391-1399.

［174］Palao F, Pardo A. Assessing Price Clustering in European Carbon Markets ［J］. Applied Energy, 2012（92）: 51-56.

［175］Jarait J, Convery F, Di Maria C. Transaction Costs for Firms in the EU ETS: Lessons from Ireland ［J］. Climate Policy, 2010, 10（2）: 190-215.

［176］Van Looy A, De Backer M, Poels G, et al. Choosing the Right Business Process Maturity Model ［J］. Information & Management, 2013, 50（7）: 466-488.

［177］Chemweno P, Pintelon L, Van Horenbeek A, et al. Asset Maintenance Maturity Model As A Structured Guide to Maintenance Process Maturity ［J］. International Journal of Strategic Engineering Asset Management, 2013, 2（2）:

119-135.

［178］ Bhosale A S, Ravi K, Patil S B. Risk Management Maturity Model for Road Construction Projects: Case Study ［J］. Risk Management, 2018, 5 （5）: 2473-2482.

［179］ Rezaei J. Best-worst Multi-criteria Decision-making Method ［J］. Omega, 2015 （53）: 49-57.

［180］ Ahmadi H B, Kusi-Sarpong S, Rezaei J. Assessing the Social Sustainability of Supply Chains Using Best Worst Method ［J］. Resources, Conservation and Recycling, 2017 （126）: 99-106.

［181］ Diakoulaki D, Mavrotas G, Papayannakis L. Determining Objective Weights in Multiple Criteria Problems: The Critic Method ［J］. Computers & Operations Research, 1995, 22 （7）: 763-770.

［182］ Hwang C L, Yoon K. Methods for Multiple Attribute Decision Making ［A］ //Multiple Attribute Decision Making ［C］. Springer, Berlin, Heidelberg, 1981: 58-191.

［183］ Monitto M, Pappalardo P, Tolio T. A New Fuzzy AHP Method for the Evaluation of Automated Manufacturing Systems ［J］. CIRP Annals, 2002, 51 （1）: 395-398.

［184］ Zhao X, Hwang B G, Low S P. Developing Fuzzy Enterprise Risk Management Maturity Model for Construction Firms ［J］. Journal of Construction Engineering and Management, 2013, 139 （9）: 1179-1189.

［185］ Şengül Ü, Eren M, Shiraz S E, et al. Fuzzy TOPSIS Method for Ranking Renewable Energy Supply Systems in Turkey ［J］. Renewable Energy, 2015 （75）: 617-625.

［186］ Kaya T, Kahraman C. Multicriteria Decision Making in Energy Planning Using A Modified Fuzzy TOPSIS Methodology ［J］. Expert Systems with Applications, 2011, 38 （6）: 6577-6585.

［187］ Kaya T, Kahraman C. Multicriteria Renewable Energy Planning Using An Integrated Fuzzy VIKOR & AHP Methodology: The Case of Istanbul ［J］. Energy, 2010, 35 （6）: 2517-2527.

［188］ Tavana M, Zandi F, Katehakis M N. A Hybrid Fuzzy Group ANP-TOPSIS Framework for Assessment of E-government Readiness from a CiRM Perspective [J]. Information & Management, 2013, 50 (7): 383-397.

[189] Pawlak Z. Rough Sets [J]. International Journal of Computer & Information Sciences, 1982, 11 (5): 341-356.

[190] Song W, Ming X, Wu Z, et al. A Rough TOPSIS Approach for Failure Mode and Effects Analysis in Uncertain Environments [J]. Quality and Reliability Engineering International, 2014, 30 (4): 473-486.

[191] Fan J H, Todorova N. Dynamics of China's Carbon Prices in the Pilot Trading Phase [J]. Applied Energy, 2017 (208): 1452-1467.

[192] Song W, Ming X, Wu Z, et al. A Rough TOPSIS Approach for Failure Mode and Effects Analysis in Uncertain Environments [J]. Quality and Reliability Engineering International, 2014, 30 (4): 473-486.

[193] Song Y, Liu T, Liang D, et al. A Fuzzy Stochastic Model for Carbon Price Prediction Under the Effect of Demand-related Policy in China's Carbon Market [J]. Ecological Economics, 2019 (157): 253-265.

[194] Guangdong ETS Website, Available Online: http://www.cnemission.com/, Accessed on October 10th 2018.

[195] Lin B, Jia Z. Impact of Quota Decline Scheme of Emission Trading in China: A dynamic Recursive CGE Model [J]. Energy, 2018 (149): 190-203.

[196] 张成, 史丹, 李鹏飞. 中国实施省际碳排放权交易的潜在成效 [J]. 财贸经济, 2017, 38 (2): 93-108.

[197] Zhang C, Wang Q, Shi D, et al. Scenario-based Potential Effects of Carbon Trading in China: An Integrated Approach [J]. Applied Energy, 2016 (182): 177-190.

[198] Coggins J S, Swinton J R. The Price of Pollution: A Dual Approach to Valuing SO_2 Allowances [J]. Journal of Environmental Economics and Management, 1996, 30 (1): 58-72.

[199] 周鹏, 周迅, 周德群. 二氧化碳减排成本研究述评 [J]. 管理评论, 2014, 26 (11): 20-27.

[200] Charnes A, Cooper W W, Rhodes E. Measuring the Efficiency of Decision Making Units [J]. European Journal of Operational Research, 1978, 2 (6): 429-444.

[201] 宋杰鲲, 曹子建, 张凯新. 我国省域二氧化碳影子价格研究 [J].

价格理论与实践，2016（6）：76-79.

［202］Tone K. A Slacks-based Measure of Efficiency in Data Envelopment A-nalysis［J］. European Journal of Operational Research ，2001（130）：498-509.

［203］Lee J D，Park J B，Kim T Y . Estimation of the Shadow Prices of Pol-lutants with Production/Environment Inefficiency Taken Into Account：A Nonpara-metric Directional Distance Function Approach ［J］. Journal of Environmental Man-agement，2002，64（4）：365-375.

［204］Li T，Baležentis T，Makutnien D，et al. Energy-related CO_2 Emission in European Union Agriculture：Driving Forces and Possibilities for Reduction ［J］. Applied Energy，2016（180）：682-694.

［205］Cecchini L，Venanzi S，Pierri A，et al. Environmental Efficiency Anal-ysis and Estimation of CO_2 Abatement Costs in Dairy Cattle Farms in Umbria（Italy）：A SBM-DEA model with Undesirable Output ［J］. Journal of Cleaner Production，2018（197）：895-907.

［206］Färe R，Grosskopf S，Lovell C A K，et al. Derivation of Shadow Prices for Undesirable Outputs：A Distance Function Approach ［J］. The Review of Eco-nomics and Statistics，1993（75）：374-380.

［207］Wei C，Ni J，Du L. Regional Allocation of Carbon Dioxide Abatement in China ［J］. China Economic Review，2012，23（3）：552-565.

［208］Chung Y H，Färe R，Grosskopf S. Productivity and Undesirable Out-puts：A Directional Distance Function Approach ［J］. Journal of Environmental Man-agement，1997，51（3）：229-240.

［209］单豪杰. 中国资本存量 K 的再估算：1952~2006 年 ［J］. 数量经济技术经济研究，2008（10）：18-32.

附　录

	EU ETS	北京碳市场	天津碳市场	上海碳市场	广东碳市场	深圳碳市场	湖北碳市场	重庆碳市场
对未履约控排企业惩罚措施	约2.5倍罚款	3~5倍罚款	3年内不给予扶持	5万~10万罚款	5万元以下罚款	3倍罚款	15万元以下罚款	批评
2016年平均碳价格（元/吨）	42.15	51.76	26.33	30.3	32.32	53.21	24.19	17.12
机构投资者数目	15688	34	4	56	23	22	71	0
机构投资者类型	投资银行、商业银行、证券公司、私募公司等	商业银行	商业银行	商业银行	商业银行	商业银行	商业银行	无
成立时间	2005	2013-11-28	2013-12-26	2013-11-26	2013-12-19	2013-06-18	2014-04-12	2014-06-19
年度碳市场报告	每年公开	每年公开	不公开	每年公开	公开2016年、2017年报告	公开第一年报告	公开2017年报告	不公开
重点排放企业的碳排放数据和配额分配情况向公众披露情况	披露	未披露	未披露	未披露	未披露	未披露	未披露	未披露
核查机构数目	434	26	4	10	16	26	5	11
核查付费方式	企业自费、自主选择核查机构第三方核查机构	企业自费、自主选择核查机构	政府出资并分配	政府出资并分配	政府出资并分配	企业自费、自主选择核查机构	政府出资并分配	政府出资并分配

后　记

　　自古以来人类对自然资源、环境保护的努力从未停歇，从古时的"取之有度，用之有节"到当代的"绿水青山就是金山银山"的发展理念，经济与环境协调发展的观念越发重要。随着全球工业化快速推进与经济迅猛发展，导致能源消耗与温室气体排放与日俱增。面对由于碳排放引起的极端气候变化及生态环境危机，各国政府高度重视。2020年9月，习近平总主席在第七十五届联合国大会一般性辩论会上郑重提出，中国"二氧化碳排放力争于2030年前达到峰值，努力争取2060年前实现碳中和"。"十四五"规划期间将绿色发展设定为重要的发展理念之一，其已成为全球经济结构调整和环境治理的新动力。持续有效推进碳减排是我国应对气候变化的重要举措，也是实现绿色发展的关键。

　　碳排放权交易机制作为一种有效的节能减排手段，可以促使控排企业实现减少温室气体排放总量的目标。本书从碳排放权交易价格机制入手，对碳市场尾部相关性、碳市场价格预测进行探究，为碳市场政策制定者与市场参与者深入认识碳排放权交易机制提供科学参考；通过对碳市场成熟度水平及区域碳市场协调发展的研究，为我国完善碳排放交易机制管理，全国统一碳市场的实施与运行提供新的思路。鉴于绿色发展的时代背景，研究碳排放权交易机制具有重要的理论与实践意义。

　　本书的研究得益于我的博士生导师北京航空航天大学方虹教授、国外导师美国威斯康星大学麦迪逊分校张正军教授的指导；此外，在本书出版过程中，首都经济贸易大学经济学院领导给予了大力支持，经济管理出版社的编辑老师也为本书的顺利出版付出艰辛的劳动，在此由衷表示感谢！

张　芳

2021年4月